U0608609

后浪出版公司

# 职场自我成长

陈怡萍 译

[日] 渡边秀和 著

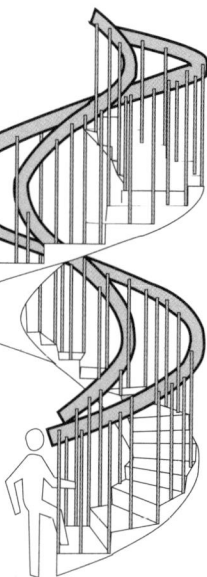

ビジネスエリートへのキャリア戦略

你不是不够努力，
而是不会努力

江西人民出版社
Jiangxi People's Publishing House
全国百佳出版社

# 序

## 为什么在社会上大展拳脚的年轻人突然变多了？

现在，二三十岁就有几千万日元年收入、获得成功的年轻人突然多了起来。各路媒体也在频繁报道许多年轻创业家、NPO 创始人，还没在媒体上露过面的有成就的年轻人更是不计其数。他们当中有帮助大型企业东山再起，从而收获可观酬劳的 30 多岁的运营者；有担任咨询公司管理者，同时也是商学院教授的能人；也有在外企金融机构工作，20 多岁年收入就超过 5000 万日元，之后以收入为本金投身社会福利事业的人……由此可以发现，他们中的大多数都以"做自己喜欢的事情获得高收入，并为社会作出很大贡献"为标准，来"讴歌"自己的人生。

这样巨大的变化，放在 20 多年前根本无法想象。

从前，从一般的工薪阶层一步一步走到企业经营者的人，大多都五六十岁，并且仅限于极少数经过激烈角逐而获胜的"人中豪杰"。而年收入达到几千万日元甚至以亿为单位的程度，如果父母不是公司老板或拥有大厦的资产家的话，是无法想象的。但如今年轻人在社会上大显身手，已经完全不稀奇了。

而这些人与创建松下公司的松下幸之助先生和创建软银公司的孙正义先生那种创立日本首屈一指的企业集团的商业天才截然不同。当然，天才也不是一下子冒出来的，如今在社会上活跃着的年轻人大多和诸位读者一样，一直到大学时代都是过的普通人的生活，也没有试过那种"一局定胜负"的高风险挑战。

那么，他们到底是如何从平常生活中跳脱出来，以优秀的职业生涯高唱自己的人生之歌呢？近 20 年来，社会结构经历了巨大改变，他们就是活用了其中的某一方面。

## 商业精英践行的职业规划法则

十多年来，我都在帮助有"跳槽"意向的人规划职业生涯。至今已经帮助了 1000 多人成功转入以麦肯锡、BCG 为代表的咨询公司工作，又或者进入投资基金公司和其他外资企业担任高管职位。这些人中，不乏以创业家、大型企业经营者为下一个职业目标而活跃于社会的人。可以说他们对"做自己喜欢的事情获得高收入，并为社会作出很大贡献"这句话做到了真正的身体力行。以前，引领日本社会发展的都是在官僚组织或者日系大型企业等庞大组织中的"精英们"。但是，这些庞大的组织逐渐陷入无法发挥其自身功效的处境。从自由、迅捷的角度出发，那些以肩负社会变革重担为人生追求的人，开始发挥"精英"的作用。

如果光听我这么说，也许会有人认为我只帮助那些优秀的人，但事实绝非如此。这些成功走上企业战略咨询师、外企高管等光辉职业之路的人，在"变身"以前，都是在普通企业工作的再平凡不过的上班族。他们出生于普通家庭，认真学习考上大学，毕业后在普通的日企就职。并没有什么特别的资格证书，也从未取得过令业界惊叹的成绩。

我在10年前曾帮助一位30多岁的创业家换工作。前些天和他吃饭的时候，他说了这么一段话：

"那时我立志想成为经营者，刚毕业就被某公司录取成为管理培训生了。进入公司后，我立刻被领导分派了任务——'先去销售现场工作'，于是我每天的工作不是打电话开发新客户，就是随机上门拜访。净做些低效率的事情，整个销售部的积极性也下降了。当时，我同前辈一起向部长提出过关于销售工作的改革方案，却被前辈以'别多管闲事'的说辞断然回绝。待在那家公司的两年时间里，我对自己的未来感到很不安：'这样一直从事销售工作真的好吗？'鼓起勇气向渡边先生咨询后，我的人生发生了改变。即便是只有销售工作的经验，如果好好梳理职业战略，也能像如今这样实现自己的梦想啊。"

对于从事职业规划支援工作的我来说，这样的话让我觉得自己付出的努力非常值得，也恰恰证明了职业规划的巨大作用。

这位企业家如今也受到媒体、投资基金行业的注目，但他原本只是在普通企业就职的再平常不过的上班族而已。为了实现自己的梦想，他努力积累创业所必需的经验和技能，通过合理的职业规划，顺利走到了现在的位置。

让他们能在社会上大显身手，实现"鲤鱼跳龙门"的关键就是职业发展战略。而在本书中，我将要给大家传达的技巧正是战略咨询师、外企高管、创业家等许多商业精英实践过的职业规划方法。

## 个人与社会双赢的职业规划方法

职业规划，是让人生变得更丰富中的重要主题，可是很遗憾，在现有的日本教育环境下，基本上没有机会接触到学习它的方法。仔细想想，真是不可思议。

在大学里，正在开展各种从宏观角度出发的研究，比如职业意识的变化、企业应当注重的人才培养等。当然，这是非常值得称赞的，但要针对每个人的职业规划提出具体的意见和解决方法，则需要把握不断变化的人才市场中的企业招聘的需求、应聘者得到职位的可能性、年收入的实际水平等事项，然后才能给出意见。这就像活跃在"战场"最前线的CEO，不仅要掌握大学教授、研究人员的理论知识，也要听取战略咨询师提出的解决对策。对于认真考虑自己职业生涯的人来说，职业咨询师提出的解决对策是不可或缺的。然而，不知道是否因为至今由真正活跃在一线的职业咨询师所执笔的书籍少之又少，所以关于职业规划技巧的话题很少被提到。

另外，夸张一些说，我个人认为职业规划技巧能使社会变得更为富裕。因为如果每个人都能过上自己向往的生活，社会就会同样变得富裕。但我要说的可不仅仅是这样。读完这本书您就会明白，掌握了职业规划的技巧，不光能开阔自己的视野，更有可能提高收入。这意味着您本人产出的附加价值也很高。如果每个人的附加价值都很高，那么日本整体的附加价值也会有所提高。对于正面临着老龄化现象、人口几乎为零增长的日本来说，职业规划方面的支援工作在活化经济上可谓快速有效的对策。

"人生只有一回，所以我不想留下遗憾，想要认真挑战。但也正因为人生无法重来，我真的不想失败。"进行职业咨询时，我经常会遇到有这种烦恼的人。他们经过认真完善的职业规划后，了解到实际上是可以安全、切实地实现梦想的，因此终于为了追求充实的人生而迈出第一步。每当我让前来咨询的人感到满意时，我都更加坚定了要为更多人提供更好就职支援的这一想法。

在我们公司，职业咨询师会耐心与每一位咨询者沟通后，再着手帮助他们做职业规划。为了让客户真正实现理想的职业生涯，职业咨询师可能需要数月甚至几年去陪同客户一起换工作。因此，我们能够支援的客户数量是有限的。

最近许多优秀的学生对这方面的意识也逐渐提高，也前来向我们咨询职业规划方面的事宜。我们公司一般仅针对有工作经验的人提供服务，虽然这与我们的主业没有直接关系，但出于支持学生就业的角度，只要时间允许，我们依然会尽量与学生朋友们会面。在这个过程中，我切实感受到，需要了解我们的职业规划方法的学生的确非常多。

因此，为了让这些职业规划方法更广泛地为大家知晓，我决定撰写这本书，以此献给所有想让仅此一回的人生得到飞跃的人。

## 本书结构

第 1 章，介绍职业规划的基本思考方法，以及至今未被提过的方法背景。

第 2 章，列举咨询者们经常提出的疑问。只要开始关注职业规划，这些问题是大多数人都会关注的。同时，本章涉及的主题也能让你学习一些职业规划方面的基本思路。

第 3 章，介绍在职业规划推进过程中，容易掉入的陷阱。我会解析一些大家不知不觉会去做、被认为是常识的圈套。也许有的读者读完之后，会仿佛终于放下心中大石一般，从而感叹："太好了！"

第 4 章，介绍各种背景的人都可以活用的、具有极广泛应用性的职业强化方法。用这些方法来进行职业规划，能让你与对手之间拉开更大的差距。

第 5 章，介绍一些可以说是职业规划魔法的"大招"。在此举出的方法虽然不是所有人都适用，但只要灵活运用，也能让你的职业生涯舞台产生变化。

第 6 章，集合从第 1 章到第 5 章列举的所有方法，向大家介绍职业规划时具体的操作顺序，也就是总结、复习的章节。如果要迈出职业规划或是换工作的第一步，请各位好好掌握此章内容。

好了，让我们马上看一看，使人生得以飞跃进步的职业规划方法到底是怎样的。

# 目　录

# 第2章　了解人才市场的实际状况
## ——人人皆在意的职业生涯疑问

## 第3章 你的"常识"可能是错的
### ——容易掉入的职业陷阱

# 第4章　商业精英们都在实践的事情
## ——职业规划的规则

## 第5章　专业人士整理的职业规划术

# 第6章　掌握战略型职业规划的法则

# 第 1 章

# 规划出让人生腾飞的职业生涯

# 35岁，女性。市场部部长

　　一位35岁的女性成功跳槽至大型事业公司，担任市场部经理（年收入1600万日元）。

　　这是来到我们公司的咨询者的真实案例。实际上，算上津贴等福利，年收入甚至会再高200万日元左右。而这个案例在所有来我们公司的咨询者中，绝不算特例。我想，在大型日企工作的人看到这里估计会大吃一惊吧。

　　这位女性到底为什么能得到待遇如此高的职位呢？

　　首先，让我们看一看她之前的职业经历吧。

　　她大学应届毕业后，进入大型日企担任综合职[①]，与同期入社的员工一同被分配到销售部。可以说，就是一个参加工

---

① "综合职"，日本的一种用工制度，一种职称。日本公司正式员工一般分为综合职和一般职。——译者注

作者的普通起点吧。但是过了几年，她发现要获得梦寐以求的经营企划、市场营销这类的工作得等上好几年，想晋升为所在部门的干部更得再花费十几年。几经思考后，当时已过25 岁的她，过来咨询换工作的事。于是，我和她一起做职业规划，而她迈出了实现梦想的第一步。

首先，她进入了外资咨询公司，积攒了不少参与大企业战略策划和海外市场项目的工作经验。在习惯咨询工作之前，虽然也吃了一些苦，但她在 34 岁时顺利升职成为了经理。

之后，拥有了丰富市场经验和领导能力的她，35 岁就被提拔为知名外企大公司的市场部经理，是同公司晋升人员中最年轻的。她只用了七八年的时间，就成为事业公司的市场部骨干了。

正如大家看到的这样，并不是因为她有什么特别的资格证书或人脉关系，也没有做过别人无法模仿的"特别的事"。她成功的关键，在于制定了确实能够达到职业愿景的职业发展战略并积极实践。最后，她以能够长期发展为目标实现了理想的职业生涯。

# 搭建"职业阶梯"

　　她在职业规划方面的要点在于并没有直接把经营企划、市场营销的职位作为目标。诚然，从日本企业的年轻销售人员起步，立刻进入大企业的经营企划部门，多少还是有点勉强。然而，像这种直奔终点比较困难的情况下，如果通过搭建作为中间地点的"职业阶梯"，扎实地向目标挺进，那么实现理想的可能性将会大大提高。

　　即使是咨询行业，也会以年轻的求职者为对象录用没有相关工作经验的人。因此可以选择首先到咨询公司就职，积累一些战略策划、市场营销的相关经验。一旦有了这样的实战经验，对于事业公司的经营企划、市场部门来说，你就是"具有战斗力且有经验的人才"了，这样一来，进入这些公司任职的概率就会有大幅提升。也许乍一看，这种做法似在绕远路，但事实证明，对这位女主人公来讲，去咨询公司工作是之后成为事业公司经营骨干的捷径。

另一方面，如果你刚毕业就进入日本企业工作，并且从未换过工作，那么不管每天多努力，到了 35 岁被提拔为市场部经理的可能性都几乎为零。即便你一边工作一边努力获得了 MBA、CPA 等学位和难考的资格证书，只要还是在同一家公司，从销售员晋升到市场部经理这样的美事应该也不可能发生。

一个人的人生，可以通过职业规划实现巨大的转变。没头没脑瞎努力，进展也不一定会顺利。

# 避开"冰壁",规划职业阶段

很多职业规划未必都是一步到位的。有时候,从现在的工作走到想要到达的终点还很遥远,甚至会出现需要两步走、三步走的情况。

在制造业公司会计部门工作的石田先生(化名,27岁),因为自己孩子的出生,重新思考起自己的人生。在思考孩子教育的过程中,他回忆起自己一直以来的一个心愿:"开展一项能够改变日本教育问题的事业。"

从最初咨询过的人才中介公司,石田先生得到了这样的建议:"可以转到教育行业做会计。"即使真的进入了教育行业,要在会计岗位上建立起能够改变日本教育的事业似乎很有难度。而且,在没有任何实际经验的教育行业,一上来就创业的这种做法实在太莽撞。可好不容易有自己的梦想，真的不想放弃……因多方受阻而深陷烦恼的石田先生，来到了我们公司咨询。

这时，职业规划这一关键词就要登场了。以他的情况来看，比如中间加入战略咨询师和教育公司经营策划人员这两步，就可以安全、确实地就任理想的职业。

**制造业（会计）→战略咨询公司（咨询师）→教育行业大型企业（经营企划）→创立教育中小型企业（经营者）**

虽然从制造业会计直接跳槽到教育行业做经营企划工作的速度更快，但以他 27 岁的会计职务，以及目前从事的工作和教育行业完全没联系这一点来看，直接从事经营企划和新事业开拓的工作也实在太难了。而且，就算真的被录用，无论行业种类还是职业种类，他都没有相关经验，得到的待遇、收入也不会特别理想。以登山作比喻，这样的职业计划就是从有冰壁的那一条困难路线硬撑着向上爬——没有必要特意选择困难的路线啊。

我和石田先生最终设计出中途选择战略咨询师这一职业规划。这条路线，对于无经验的石田先生来说是一个十足的机会。而在经过战略咨询师的"洗礼"后再挑战教育行业的经营企划阶段时，以较高职位被录取的可能性相当高，可谓一石二鸟。但是，无论已经制定出多么详细缜密的职业发展战略，最终也并不一定就能到达创业这一终点。但即使如此，他也能在教育行业的公司里获得较高的职位，可以将其作为一个重要的后备计划。

再者，除了中途走战略咨询师的路之外，也可以有其他各种方案可以考虑，譬如活用风投公司或互联网行业等。

（例1）
制造业（会计）→风投公司（投资公司的投资/培训负责人）→教育行业发展中企业（经营骨干）→教育公司创业（经营者）

（例2）
制造业（会计）→互联网企业（经营企划）→互联网企业（新事业企划）→互联网教育公司创业（经营者）

如果一步到位实现职业理想很勉强的话，也可以先走一小步，再走第二步，采用设置"职业阶梯"的方式，这样实现理想的可能性就会大幅提高。这样做，就连起初觉得做不到而放弃的梦想，也会变得触手可及。这是连接"现阶段自我"与"目标自我"一个非常重要的方法。设置好到达终点前的各阶段的目标，就是我希望各位一定要掌握的"职业规划的要诀"。

# 职业规划的 3 个步骤

简单来说，职业规划可分为三步来考虑。

（1）设定作为目标终点的职业愿景

（2）思考从现阶段走向职业愿景的路径

（3）为了走上指定路线，成功跳槽

首先，如果事先没有设定好作为终点的职业愿景，就无法确定自己应该做什么职业好。乍一看，似乎这是理所当然的事情，可现实中有不少人没有设定好职业愿景，就忙着考各种资格证书，或是看到条件优厚的求职信息就急着跳槽。在目标不明确的情况下，没头没脑地瞎努力，等回过神来，就会发现自己走进了与想要的人生完全不同的境地。因此，让我们先扎实地设定好目标吧。

接下来，从现阶段出发，思考如何走向职业愿景，这种做法的难度相对稍高。从数不清的路径中判断出走哪条路，可能性会更高，并且你还要找出走向职业愿景的最短路线，这些步骤都要求你必须熟知企业录用人才的动向。另外还有一个方法，通过灵活运用不为人熟知的路线，从而到达原本以为不可能到达的理想目标。

进一步来说，在设定好的路线上行进时，如果想利用跳槽来提升职业生涯，那么跳槽成败与否对你的职业生涯会有非常大的影响。至于好不容易想出来的计划是否只是空想，那些在职业生涯中能够决定跳槽是否成功的技能便成了决定性因素。即便只是为了充分发挥出自身的实力，也要事先掌握这种必须要知道的"转职能力"。

我将在后面为大家具体讲解以上内容的详情。

# 人才市场的发展改变就职环境

之前谈到了关于职业阶梯的话题，其实这样的职业规划方法更容易操作是有其道理的。事实上，与近二三十年里人才市场迅速发展也有着紧密的关系。

毫不隐讳地讲，人才市场就是"想换工作的人"与"需要人才的企业"做配对的地方。打个比方，你想以〇〇的技能为武器跳槽，需要有〇〇技能的人才的企业，对你提出"想以年薪××日元录用你"的条件。在此基础上，如果双方条件（职位、年收入、工作内容等）契合，就能顺利确定跳槽的事项。但有时候，同时对你抛出橄榄枝的公司可能不止一家。这样的话，也许你会想去条件更优越的公司吧。简直如同进行股票买卖的证券市场一样，优秀的人才价格走高，还会上演多家企业展开人才争夺战的戏码。

　　以前一说到换工作，似乎多是"与上司合不来""工资低"等想要消除对现在工作的不满才产生的消极行动。但是在现代，换工作大多被认为是自己主动选择能够得到自己想要的工作经验、技能、收入的积极行动。当然，只是为了获得想要的技能和经验，这样的做法在任职期间是无法获得好评的。最重要的前提是要在所在的企业中产出确实的价值，为组织作贡献。

　　产生这一变化的一大契机是 20 世纪 90 年代，一些优秀的外资企业在日本成为具有魅力的跳槽的目标公司。比如，外资事业公司、咨询公司、金融机构等外资企业，随着事业发展壮大，以优厚的待遇聘用了不少有工作经验的优秀人才。于是，日资企业就开始了严重的人才流失。特别是录用年轻的有能之士就任较高的职位，这种实用型的聘用风格，恰好满足了在"年功序列制"①的日本企业中无法施展才能的优秀年轻人的需求。在这种情况下，大量流失优秀的即战型人才的日资大公司，也不得不采取"中途采用"②的形式，补充足够的即战型人才。结果，外资企业也好，日资企业也好，都开始积极实行中途采用的录用方式。由于这些充满吸

①　日本的雇佣惯例。把学历、年龄、连续工作年限等作为晋升和提薪的主要判定标准，重视长年工作者的资历与成绩。
②　录用往届生或者有工作经验的人。

引力的机会越来越多，优秀人才流入人才市场，于是企业也就更加接受"中途采用"了……这一系列连锁效应使得具有吸引力的跳槽机会不断增加，并使人才市场进一步壮大。

无论做了多棒的职业规划，或是周密地设计职业阶段，如果没有通过这些到达好的跳槽目的地，也就没有任何意义。正因为是在人才市场发达的现代社会，职业规划才格外有意义。

# 这是一个亲手设计自己未来的时代

以前，大家除了从大学毕业就留在大公司外，没有其他更好的选择。但是，由于之前提到的人才市场的发展，商务人士的工作方式发生了巨大变化。

首先，可以按照自我意愿选择自己喜欢的工作了。在人才市场蓬勃发展的现代社会，你准备换工作的时候会发现有许多好机会等着你。只要有能力，也许就能从事自己想干的、喜欢的工作。而在以前，只能在公司内部这个范围内选择想做的工作，能不能实现工作调动全看公司安排，个人主动选择职业规划是桩难事。

第二点，带有高薪水、高职位这种条件的跳槽机会越来越多。例如，让你在 20 多岁就能够实现年收入几千万日元的外资金融机构；在 30~35 岁实现年收入超 2000 万日元的外资咨询公司，以及以此为年收入标准的外资制药企业，又或者以迅猛之势发展的互联网企业等，这种能够提供让普通工薪阶层想都不敢想的高额年收入的企业非常多，而且年纪轻轻获得高职位的机会也变得越来越多。愿意从公司外部引进 30 多岁的优秀人才来担任总经理、管理职位的事业公司也不在少数。在咨询公司，也有在 30~35 岁时成为企业合伙人的例子。谋任到高职位，也许还能为社会带来较大影响力，这也是很大的魅力。像这样年纪轻轻就有高收入、担任高职务的人越来越多，也算是现代人才市场的一大特征吧。

第三点，如果具备在人才市场中受好评的能力，就可以规划出"安全"的职业生涯。能够代表日本的大型制造业公司的大规模裁员、大型金融机构并购等，即便不列举这些事实，如今日资大型企业那种稳定的雇用神话也已经渐渐走向终结。类似大公司倒闭、被收购这样的事情在现在都不是新鲜事了，过于依赖公司的这种想法也伴随着很大的风险。我认为这会令许多商务人士感到不安。虽说如此，如果一个人具备在人才市场中受好评的工作经验和技能，即便现在供职的公司倒闭了，也能立刻走向全新的职业道路。时代正在慢慢变化，逐渐从将一家公司作为自己的安全网，转变到以人才市场为导向。

若能以职业存在方式的变化为依据，就能自由地设计自己的未来了，而为了守护自己的未来，大家也不得不担负起自我规划的责任。不管怎么说，亲自设计自己的未来变得极为重要，这样的时代已经到来。

## 做喜欢的事获得高收入，
## 也为社会带来巨大影响

　　读到这里，我想大家已经明白，由于人才市场的发展，如今已进入到就职环境大变动后的有趣时代。如果能规划好职业生涯，就有可能将自己喜欢的事情变成工作，趁年轻获得高收入的同时，还可以谋任到给社会带来影响的职位。本书开头介绍的"二三十岁就有几千万日元的年收入、活跃在社会上的年轻人的人数呈大幅增长趋势"这一现象的背后，有着这样的理由。

　　其实只要你稍微把目光转向周围的人，就不难发现以各种形式活跃于社会的年轻人，比如活用经营技能使陷于窘境的企业起死回生的人；灵活利用互联网的商业模式去创业，从而解决医疗、劳动等社会问题的人；作为海外战略部门的高级主管，让拥有优秀技术的日本企业成功进军海外市场的人；向 MBA、高中学校等教育单位传授前沿的经营知识，培养能支持未来日本发展人才的人……他们毫不犹豫地参与到能让社会变得更好的活动中去，称其为"现代精英"的代表也不为过吧。

重要的一点是，像商界精英们那样"做着自己喜欢的工作，获得高收入，同时也为社会带来较大影响"的这种生活方式，并不仅限于一部分人。善用人才市场，好好规划职业，各位读者朋友也能充分抓住机会。人生仅此一回，必当尽情讴歌。而能让你做到这一点的正是能够让你的人生实现飞跃般改变的"职业发展战略"。

"不想放弃梦想，可是考虑到家里人还有周围的人，就不敢贸然挑战了。"陷入这样窘境的人，我想有很多吧。要是突然开始从事想做的工作，收入锐减，想必也会经历不少失败，吃许多苦吧。但是，如今这个时代有各种各样的选择，通过搭建"职业阶梯"，也是有可能安全、扎实地找到理想的职业的。

商界精英们就是通过描绘并实践自己的职业战略，一步一个脚印走上现在的职位的。你也可以拥有这样的生活方式："做着喜欢的事情获得高收入，同时为社会带来影响。"

为了那些"有志向但十分重视周围人想法"的人，本书中提到了很多关于职业战略的实用知识。我希望这些想要顾全周围人和社会之间的平衡的人来引领整个社会。

接下来，将会在第 2 章以后具体介绍关于商界精英们实践的职业战略的规划良方。

# 公司方该如何应对"招聘"？

## ——企业也面临人才市场中的竞争

### 公司与员工互相帮助

随着大型企业稳定雇佣制神话的偃旗息鼓，员工已经无法把自己的整个职业生涯都托付给公司了，甚至出现了类似这样的言论：我们必须停止依赖公司，才能生存。我想说，的确如此。但是，雇用员工的公司也能说出同样的话。

由于人才市场的发展，如果企业无法为员工提供有助于其职业生涯的环境，就会不断流失优秀的人才。年收入如果无法达到业界标准水平，员工就会到对手公司去。而且，如果企业无法提供具有吸引力的工作环境，就录用不到新的人才。也就是说，为了防止优秀人才的流失，企业也必须积极提供好的待遇，同时为了获得人才，也要面临激烈的竞争。

企业与员工从互相依存的关系演变为独立的关系，我绝不认为是一桩坏事。因为这样一来，无论是企业还是员工，为了成为能够有用的存在都会十分努力。在这之前，即使是在那种待遇没有特别好的公司工作，员工一般也都不会主动提出辞职。反过来，员工即使偷点懒也不会被解雇，甚至对于升职都不会有什么影响。这样的状况，我认为都是不健康的。

认真做好职业规划，越能将自己的将来和眼前的工作联系好，就越能够更认真地习得技能，并在工作中取得好的成绩。比起那些过度依赖企业、不认真工作的人，前者对于公司来说要有用得多。

正是由于现在大家都追求员工和企业双赢，社会和个人才会更加拼命努力吧。

## 录用能力与企业成长直接关联

如果我们的社会是这样了，那么也许一辈子只在一家公司工作的人就会越来越少。对于企业来说，这是一个会让他们感到头痛的问题。但是，反过来，人才市场的发展给企业带来的并不都是不好的影响。只要能建立一个有吸引力的环境，一些优秀的大企业、政府机构，甚至竞争对手公司的员工即使与我方公司没有过任何直接交点，我们也有机会录用到他们。知名度低的互联网创业公司能够录用到知名企业的优秀人才，就是因为人才市场的发展。主动接近一些大型企业，以 1500 万日元的年薪将签过几十亿日元订单的销售员挖到自己的公司；即使是知名度低的中坚企业也能以 2000 万日元的年薪录用到策划出价值 1 亿日元的事业战略计划的咨询师，。像这样开始能够录用到为公司带来巨大利益的即战型人才，也是一个极大的变化。

对于具有发展意识的企业来说，人才市场简直是聚集着宝藏的大山。企业想要发展壮大，必定要有相应的录用人才的能力。实际上，我们的公司客户都把录用员工视为经营管理事务中最重要的课题，将之放在很高的位置上；一些大型企业的总经理会直接参与到录用相关的工作中，这样的情况也很常见。为了让组织机构不断扩大，不仅仅通过一般的方式，采取 M&A① 或者录用整个部门等手段相结合的案例越来越多。

另外，企业中的人力部门需要注意，在人才市场上，自己是企业的"门面"一样的存在。在中小型企业，人力资源部门通常只有 1 名负责人。而大型企业中，大多也只有几名员工负责招聘工作。另一方面，销售人员却有多出几十甚至 100 倍的人数。例如，一个公司销售人员有 100 人，即使有一个人从客户那里收到了差评，给公司整体带来的坏影响也才只占 1/100 而已。但是，

---

① M&A（Mergers and Acquisitions），即企业并购。包括兼并和收购两层含义、两种方式。国际上习惯将兼并和收购合在一起使用，统称为 M&A，在我国称为并购。一编者注

只有一个人的人力资源部门如果沟通能力差的话，这家企业在整个人才市场上的评价可就会一落千丈了。反过来，如果人力资源的负责人是那种有魅力、擅长沟通的类型，哪怕只有一个人，也能提高企业在整个市场上的好评度。由于人力资源部门的负责人较少，所以每一个人都有巨大的影响力。我在工作中经常会碰到一些企业领导只关心销售人员的人数，而对人力资源部门在干什么毫不知情，这是非常危险的。

放在以前，人事部门的工作带有很强的"守门"的意思。而今后，它将与市场、销售具有同等地位，会被放在与公司发展直接关联的位置上。经营领导者应该把录用人才看作是公司最重要功能之一，不仅仅要注意客户的评价，还有必要多倾听人才市场上的评价。录用工作在企业中的作用将会变得愈发重要。

# 第 2 章

# 了解人才市场的实际状况
## ——人人皆在意的职业生涯疑问

# 难考的资格证书，
# 对换工作有多大好处？
## ——弄清楚真正有利的是什么

## 对换工作没有价值的资格证书

　　一谈到关于职业生涯的问题，似乎就会涉及各种资格证书的话题。例如，有人会说："我没有拿得出手的资格证书，不行啊。""取得什么样的证书才是对换工作有利的呢？"相应的，你也总会听到这样的意见："财务会计知识对于职场人士是必需的。所以最起码要有会计证书。""如果没有注册会计师这个含金量高的证书，不会有多大竞争力哦。""不不不，今后的时代会越来越往国际化方向发展，考出 CPA 更好。"诸如此类关于资格证书的说法，都是真的吗？

　　"我想要成为一名律师，需要参加司法考试。""我想要从事审计工作，就考注册会计师的证书吧。"如果类似这样的情况，考取相应的证书当然没什么问题。因为这些原本就是职务需要，必须取得的国家资格证书，所以很有努力的价值吧。

但要是除去那些职务上必需的技能资格，有一部分证书其实并没有像一般的职业规划书籍或是技能培训学校中提到的那样，在你换工作时会成为有利条件。并不是"只要取得难考的资格证书，在换工作时就会有帮助。"即便考取了非常难的律师资格，除了从事法律职务、进入律师事务所之外，基本上没什么用。如果与你想要从事的工作范围不相关，手中所持有的资格证书发挥不了作用也是理所当然的事。也就是说，要尽量避免把考取难考证书当作是"镀金"的这种想法。

## 资格考试 = 高风险的比赛

中小企业诊断师① 也是一个难度很高的资格考试。虽然它难度很大，但在实际换工作的时候，却难以被企业认为有

————————

① 日本的一种资格考试。持证人可作为在中小型企业面临经营上的课题时，提供相应的诊断和建议的专家。主要负责给企业的发展战略和实施的过程中提供帮助和意见，同时也是连接中小型企业和政府、金融机构的纽带。—编者注

很大的用处。我经常听到这样的询问："在应聘经营企划、市场营销这样的职位时，如果有中小企业诊断师的证书比较有利吧？"而实际情况是有没有这张资格证书，对应聘并不会产生什么影响。当然，学习总没坏处，但在应试学习中，大多数都是"没必要死记硬背的东西"。

越难考的考试，合格率也越低，要获得证书的话，需要耗费巨大精力。而且，如果考试每年只有一次。即使拼命用功学习，若是碰到不会答的题目，运气不好也还是会落榜。而令人遗憾的是，只要没有合格，为了资格证书考试而掌握的知识就无法得到认可。虽然日本的旧制司法考试很有名气，但会有白白浪费好几年时间的危险。如果考不出就得不到认可，而且即便运气好考出来了，实际上也并不如这张纸看上去那样对升职有很大的帮助。为了取得资格考试而努力，也就意味着必须承受相应的高风险。想要实现渴望的职业生涯，在忙于考取资格而拼命复习之前，很有必要慎重地考虑这个资格证书对自己的职业发展是否有用。

另外，在换工作的时候，大家还有必要了解一点：大多数情况下，"工作经验"的意义要比"资格证书"重得多。例如，如果你想要从事市场营销方面的工作，那么之前有相关的工作经验就会很有利。一个没有市场方面工作经验的人，即使有中小企业诊断师的资格证书，企业也不会有聘用的倾向。因此，前期考虑如何积累为了进入理想行业和企业所必需的职业经历才是关键。

而且，企业会录用年龄 20 岁到 35 岁之间的无相关工作经验者的情况也并不少见。这些公司会通过书面遴选、面试、适应性检查，从各个角度确认应聘者的潜力、适应性、动机等。但是，应对这些选拔流程需要花费的时间，比起考取难考资格考试的准备时间，远远要短得多。因此，比起忙于应付考试，倒不如多分些精力准备书面材料，想想如何应对面试和适应性检查。这样做，在规划职业生涯时可能会更有效率。人的一生是有限的，付出宝贵的时间去努力做成一件事时，要慎重地考虑是否会得到与之相应的结果，这一点很重要。

# 怎样做才能提高收入？
## ——首先认识到"墙壁"的存在

### 有一堵"墙壁"，分隔着年薪

之前，我曾接受过某经济类杂志记者的采访，被问到了一些直接问题。

记者："想提高收入，应该怎么做才好？"

 我："嗯……这真是个很难回答的问题（笑）。因为根据每个人的情况，应该采取不同的作战方案。"

记者："您别这么说嘛，总有什么是大家都能做到的，比较简单的方法，有吗？"

 我："好伤脑筋啊……硬要我说的话，有倒是有。"

记者："那，是什么呢？"

**我**："学习英语。"

**记者**："啊？就是这样吗？"

　　这位记者似乎原以为能从我这儿打听到比如"有用"的资格证书有哪些，或者进入高收入的外资证券公司的诀窍等内容。也许是因为我的回答太过简单了吧，他有些不知所措。

　　实际上，分隔年薪高低的"年薪之墙"确实存在。如果你想提高自己的收入，在盲目努力之前，你要知道有这样一面"墙"存在，然后思考越过它的方法。如果不这么做，无论你付出多少努力，要提高相应的收入也是件很困难的事。那么，"年薪之墙"，到底是什么？

## 阶层之墙——资本家、经营者、职员的年薪各不相同

　　首先，具有代表性的"年薪之墙"之一，是"阶层之墙"。

　　在日本企业里工作的工薪阶层中，年薪达到 2000 万日元的人在全日本中有多少呢？非管理层领导的一般员工，能达到年薪 2000 万日元的人基本上不存在。也只有在综合贸易公司、大型金融机构等企业中工作的极少数人，才能达到这样的水平。将全日本"在职"的工薪阶层总人数作为分母就

会非常清楚了，这样的人只占极少的一部分。

另一方面，年薪在 2000 万日元以上的个体经营者有多少人呢？比如近在身边的中小企业经营者，到处矗立的大厦的楼主等，他们有这么高的收入倒是不足为奇。

可仔细想想挺奇怪的。位居知名公司管理层职位的人，和随处可见的中小企业经营者相比，谁更辛苦？虽然无法随意地做比较，但我想应该还是有不少人觉得哪里不对劲。

将公司各阶层的成员进行大致分类的话，可分为"资本家""经营者""职员"三种。简单来说是这样一种架构：雇用职员来运营公司的是经营者，以高年薪雇用经营者而从整个公司获得巨大回报的是资本家。有一种说法，年薪 5000 万日元的经营者雇用年薪 500 万日元的职员，年薪 5 亿日元的资本家雇用年薪 5000 万日元的经营者。之前提到的个体经营者，既是资本家又是经营者。

如此整理一下思路，我想各位读者就能理解，作为普通职员，和翻越墙壁成为资本家、经营者，这两者在年薪方面有着决定性的差异。虽然肉眼看不见，但确实存在着"阶层之墙"。希望提高年收入，但只要你不是那种谁都羡慕的有能力的员工，想从激烈竞争中脱颖而出简直困难重重。比起这样，不如直接翻越"阶层之墙"成为资本家、经营者，实际地提高收入更为实际。

可能有人会说,"虽然你这么说,但我也不是什么'富二代',又没有继承什么大厦,肯定没戏。"但我想告诉大家,即便是这样的情况也有解决办法。其中具有代表性的方法之一就是自己创业。以自己的资金起步的创业者就是个体经营者。从产生的庞大利润中抽出 3000 万日元作为自己的年收入,谁都无权说什么。

看到这儿,相信还是会有许多人觉得"创业有很大的风险"。这句话是针对没有任何企业经营方面的技能和经验就想创业的人说的。应该怎样规划自己的职业生涯才能安全地创业,在接下来的内容中也会提到,敬请放心。

## 外资之墙——外企与日企的年薪不同

第二项是"外资之墙"。

在外资证券公司工作的 30 岁销售人员,年薪达到 4000 ~ 5000 万日元,住在六本木 Hills……我想大家也一定有所耳闻吧。稍微想一下就会发现这实在有些奇怪。在日本的证券公司、银行工作的人,绝对不会有那么高的工资。即便是特别优秀的人,以 30 岁的销售人员的职位,年薪也就800 万 ~ 1000 万日元左右。外企与日企之间的年薪的差距似乎十分巨大。

让我们把目光转向其他行业——咨询公司又是如何呢？我们试着比较一下外资战略型咨询公司与日系大型专家集团。在外资战略型公司里，作为中坚战斗力的 30 岁左右的高级咨询顾问职位（在经理级别之下），年薪约为 1200 万日元。而日系大型专家集团公司里，同级别职位的年收入仅为 700 ～ 800 万日元。在这个行业中，外企与日企的收入是有差距的。

那么，可以称得上是日本强项的制造行业的情况又如何呢？在著名的消费品外资厂商公司，年薪超过 1000 万日元的 30 岁员工也不在少数。但另一边，日本的大型消费品厂商公司，年收入超过 1000 万日元的人，大概都分布在什么年龄层呢？40 岁？还是 45 岁？而且最近日本制造业裁员的情况也很常见。总觉得很奇怪啊……

如上所述，即便是同一行业的同种工作，外企与日企之间的收入也有相当明显的差距。这个差距背后的关键因素主要有：对于产出附加价值的人给予多少功劳分配所产生的差距；还有随着全球化经济发展而产生的收益的提高，等等。但是，不管是哪一个因素，基本都会造成这样的倾向，对于职业规划来说这是个要点。当然，每家企业员工的实际年薪各不相同。并不是说所有的外企都比日企年薪高，这只是一般的趋势。

　　照这么看，对于询问提高年薪方法的那位经济杂志的记者来说，就应该能理解我会回答"学习英语"的原因了。掌握了如何运用商务英语，就能够跨越"外资之墙"，提高年收入的可能性也就会大幅提高。比起花大量的精力在每年仅有一次且风险颇高的资格考试中"一决胜负"，不如用来提升工作能力。如此一来，学习英语就与提高收入直接挂钩，对于喜欢学习英语的人来说，这也许算是非常有吸引力的努力方式了吧。

## 行业之墙——行业不同，年薪也不同

　　第三项就是"行业之墙"。

　　这可能是比较容易明白的一点。在找工作的时候会研究很多行业的人应该很多吧。比如，即便是同样的大型日系企业，城市银行比制造业给出的薪资高，综合贸易公司的甚至还要更高。

　　"在银行通过融资业务支撑企业发展的银行工作人员，和经常出差、开展商务活动的商社职员，两个人都是从事很重要的工作。但是由于工作性质完全不同，年薪不一样不是理所当然的吗？"我想一定会有人这么想。没错，正是如此。

　　但是，我想告诉大家的与上面的内容稍有不同：虽然基本上都是运用同样的技能从事几乎一样的工作，但由于行业领域不同，年薪也会相差甚远。例如，公司内部负责信息系统的员工，在日系大型金融机构工作的话，到30岁就能达到年薪800万～1000万日元的程度。如果是在日系大型制造公司的信息系统部门，大部分人的年薪也就在600万日元左右。即使人事、会计等其他后勤职位也是一样，根据所在的行业不同，年薪也会有较大差距。虽然运用的技能并没有多大变化，但就是会产生明显的差距。也就是说，如果仅对人事、会计、社内信息系统这样的职业感兴趣的话，根据你选择的行业，还是有机会提高年薪的。

　　基本上来说，平均到每位员工的利润越高的公司，工资也越高。大型的金融机构、制药公司、大型互联网公司等正是如此。事实上，融合了"外资之墙"与"行业之墙"的外资制药公司的年薪非常高。

　　到现在，我们介绍了三个有代表性的"墙壁"，即"阶层之墙"，"外资之墙"和"行业之墙"。了解到有"墙壁"的存在，我想各位读者就能清楚地知道该往什么方向努力了。尤其希望大家注意的是"阶层之墙"，它不仅会提高，还能让你把握住改善社会各个方面的机会等。这样极具魅力的职业生涯，正在未来等待着你。

# 职业规划的专业人士关注的行业

## 能够让职业生涯有飞跃进步的三大行业

"以专业人士的眼光来看，如今什么行业和职业正倍受关注呢？"

经常会有人问我这样的问题。对于从"这个行业今后是否有所发展"这种角度来规划职业生涯的做法，我不是很推荐。无论身处什么行业和职业，只要是优秀的人才，就能谋求到高职位，获得高收入。比起盘算自己的得失，最后还得看这个职业本身对实现自身理想的职业生涯是否有必要，以及自己是否喜欢。我会建议大家从这些角度来考虑职业规划。

话虽这么说，但在职业规划方面，确实存在几种非常方便打造理想职业生涯的行业和职业。在本节中，将为大家介绍职业规划基础知识中非常重要的"咨询行业""金融行业（投资银行/PE基金公司）""互联网行业"的概况。无论是上述中的哪一行，在高度关注职业规划的商界精英们中都有很高的热度。

关键在于除了职业本身的魅力，还能让你的下一份职业也得到进步。其中，不单单是将这些行业作为流行话题来介绍，亦可见其当选背后的真正原因。

## 咨询行业

所谓"咨询"，是指针对民营企业、公共机构等客户，提供基于专业知识的收集信息、分析现状、建议对策等服务，帮助客户解决问题的业务。从事咨询工作的人被称作"咨询师"。

总的来说都叫咨询公司，具体来说既有为企业提供策划战略的咨询公司，也有与IT、财务相关的咨询公司，所提供的服务内容也涉及许多方面。近年来，随着各类咨询公司业务的多样化，它们之间原本明确的界限也正在逐渐消失。

我之所以关注在咨询行业的职业，并不是因为这个行业自身的发展或是年薪水平高。虽然这些确实是吸引人的地方，但最大的关键在于"能够掌握解决经营课题这样的通用技能，扩大下一份职业的选择范围"。

作为一名咨询师，能够在刚工作的时候就以各种行业、公司为对象，在解决各专业领域的问题上积累丰富的经验。即使行业种类不同，但企业经常会面临相同的问题。从之前参与过的项目中想出的办法也能发挥很大的作用。因此，咨询师能够不受自身行业的限制，掌握解决经常发生、有普遍性的问题的能力，从而构建起不受任何公司和行业所束缚的职业生涯。而且，由于咨询师的工作内容就等于进行过大量以经营者的角度来解决问题的训练，所以之后在事业公司工作的话，即使还很年轻，也能够被提拔为干部、事业责任人之类的高级职位。

"总是在写报告，根本无法实际地运用咨询经验。"也有咨询公司"出身"的经营者发出这样的抱怨。但是，这是稍早之前的咨询公司里才会有的状况。最近，客户公司也开始寻求具有实践性的有效率的支持，所以许多咨询公司不仅会制定战略，还会进入到具体实施阶段进行支援企业发展。作为客户公司的经营者（临时 COO 等），带头进行改革的人也不在少数。这样一来，就有望安然度过经营者们腥风血雨的"激烈场面"。实际上，我曾经任职的"专家集团"（现为三菱 UFJ RESEARCH&CONSULTING）的战略咨询部门也是一样，会深入到具体的执行层面来支持客户公司。例如开展新事业的咨询时，与客户一同开发新的服务业务自不必说，当时我们还帮着客户公司一起去找新客户、销售订单，使整个机制运转顺畅。当然，有过这样的经历，在之后创业的时候，就会起到直接有利的作用。

另外，虽然进入著名咨询公司、专家集团公司的难度变得异常的高，但相对来说不那么难进的小型咨询公司也是有的。因此，各方人才皆可挑战，有机会能够积累非常有意义的经验也是它的一大魅力。

接下来，我想将咨询公司按照工作内容和特征，分类说明。

#### ▶战略系——全方位经营参谋，支援大型企业

战略系咨询公司以各行业的大公司为对象，主要从事战略制定、M&A、业务改善、组织改革等企业支援工作。通过积累某一领域的咨询经验，可以进入以外资事业公司为代表的大型企业里的经营企划部门、市场部门，又或者进入基金公司、投资银行等企业工作，扩大换工作时的行业或职业种类的范围。全球皆有据点的外资咨询公司比较多，如麦肯锡、BCG、贝恩咨询公司、科尔尼等都是较为典型的全球性咨询公司。

#### ▶业务·IT 系：用"企业变革的王牌"
##### ——IT 来解决经营课题

业务·IT 系咨询公司着手解决与业务、IT 相关的大范围

的经营课题。如业务改善、IT 战略、ERP 导入、SI、BPO，等等。而且，属于业务·IT 系的又是配属有战略咨询部门的公司，也被称为综合型咨询公司。负责的领域不同，你的下一份职业也会不一样，很可能会跳槽到各行业的经营企划部门、市场部门、信息系统部门。代表公司有埃森哲、德勤、普华永道、Abeam 等。

▶**专家集团：站在专业立场，从企业战略到政策制定大范围的提出建议**

专家集团，是指从政府、企业等单位接到委托，讨论特定的课题，从专业的立场出发针对政策、企业战略的可行性提出建议的机构。大型专家集团，同时设有经营咨询部门（战略、业务、组织架构与人事）、IT 咨询部门、面向政府机关的调查部门（关于政策的调查、谏言）、经济学家部门等。专家集团的客户主要有民营企业、公共机构等，业务范围非常广泛。近年来，帮助日本企业开展海外业务的项目也开始增加。而且，专家集团的母公司主要为超大型银行、大型证券公司等，这样可以活用大型企业集团的关系网，拥有强大的销售渠道，这也是它的特征之一。虽然根据负责过的领域不同，下一份职业的走向也会不同，但跳槽到各行业的经营企划部门、市场部门、信息系统部门也不是没有可能。具有代表性的专家集团有三菱综合研究所、野村综合研究所、三菱 UFJ RESEARCH&CONSULTING、日本综研等。

**▶财务系：以"企业的生命线"——用财务知识来支援客户**

财务系咨询公司的业务范围主要以财务会计、税务顾问为代表，具体包括 M&A、企业改建、诉讼分析、不动产投资等方案的制作，买卖转让手续的支援等业务。他们能够广范围地提供围绕财务方面的咨询服务。一部分公司配备战略咨询部门，所以也有从战略到财务提供全套服务的案例。另外，财务系咨询公司拥有丰富的改进资产负债表的经验，而这是战略系公司不太会涉及的领域，也是财务系咨询公司的一大特色。如果在这一领域积累到了咨询经验，不仅能够跳槽到事业公司的财务部门，也很有可能进入基金公司、投资银行等金融机构。德勤、安永等公司都是典型的财务系咨询企业。

**▶人力资源管理系：解决复杂的"人与组织的问题"**

组织人事系咨询业务是以企业和公共机构为对象，提供制定人事战略、制度设计方面的服务。最近，还增加了如组织风格改革、人才开发、人才管理等咨询业务。而且，随着日系企业进军海外市场，海外子公司的环境改革、行动变革等项目急剧增加。积累这一领域的咨询经验，就会增加跳槽到各行业的人事企划部门的可能性，一些跨国性质的日本企业会尤其欢迎有这方面经验的人才。这类型的公司主要有韬睿惠悦、合益集团、美世咨询等。

### ▶品牌营销系：巧妙改变顾客、员工的"认知"

品牌营销系咨询公司，从市场战略、品牌战略的设计到执行，能够给企业提供全方位的支援服务。不仅是制定企业的品牌理念，在品牌营销系咨询公司在关于品牌标识、命名、包装设计、影像乃至创意内容的制作等阶段的工作也能够给企业提供帮助。最近，随着越来越多的日本企业进军海外市场，在全球化的背景下，如何将品牌宣传渗透到海外的商业案例越来越多。通过积累这一领域的咨询经验，跳槽到事业公司的市场部门、在公司内部稳定品牌地位的宣传部门的机会也很大。Interbrand（国际品牌集团）和博报堂等公司是这一类型的代表企业。

## 金融行业（投资银行、PE 基金）

接下来是金融行业。其中，特别是投资银行、PE 基金（私募股权投资）行业较受关注。

主要是因为在企业经营战略方面，很多人都看重 M&A 的这一现状。近年来，不仅日本国内的企业相互收购，收购国外企业的案例也越来越多。这类公司内部设有 M&A 部门，这一部门的员工主要是曾在投资银行或 PE 基金供职的人，能够跟进从 M&A 战略设计到实施的一系列工作。在这种趋势发展下，越来越多的企业也会需要这种服务。不仅是大公司会开展并购这一企业活动，在现金充裕的成长型企业里也可能会出现。可以预想，今后这样的情况将变得更多。

另外，在 PE 基金公司中，即使是处于 20 ～ 35 岁年龄段的年轻人也有机会成为投资目标公司的董事，参与筹划经营事务。如果能趁年轻时拥有作为企业经营者的经验，以后被提拔为各种公司的经营骨干的机会也会大大增加。

更进一步说，由于投资银行和基金行业的年薪水平非常高，短时间内存蓄足够多的资金用于独立创业的可能性也非常大。二三十岁就能达到如此之高的年收入的行业，恐怕也只有金融行业了吧？从职业规划的角度来看，这个行业的魅力并不只是挣钱，而是将赚到手的钱在短时间内利用起来，开展自己的活动。

但是，因为投资银行也有不同的部门，根据负责的工作种类不同，下一份职业也会有所不同，大家有必要注意这一点。如前所述，事业公司虽然确实对投资银行出身的人才有需求，但主要指的是"投资银行中的投资银行部门"的人员。在其他部门工作，只是精通金融业通常技能（金融交易、金融商品开发等）的人，一般的事业公司对这类人并没有很高的需求度。

在这里，我们纵观一下投资银行和 PE 基金的情况吧。

### ▶投资银行：以财务战略、M&A 战略支持企业

投资银行，是指利用 M&A 中介、有价证券的买卖获取利润的金融机构。具体细分为针对企业通过资金调度、财务战略建议开展 M&A 业务的投资银行部门，针对投资者进行证券买卖业务的股票部门、债券部门、股份调查部门。

在日本，20 世纪 90 年代后，以美系投资银行为中心，投资银行作为以高深的金融技术为武器，实现复杂的商业合并案例、操办巨额资金调度的财务顾问，十分引人注目。进入 21 世纪，越来越多的人了解到这个职业能够获得高收入的现状，还受到了以东京大学为代表的各类名牌大学的毕业生的青睐。雷曼事件后，这些人投奔到了大型投资银行、商业银行的麾下，顶着裁员的波流重整旗鼓。特别是出身于负责 M&A 业务的投资银行部门的人，后来转到事业公司的经营企划、财务部门的案例也十分常见。对于想要换工作的人来说，能够扩大下一份工作的选择范围这一点，是十分具有吸引力的。这类型的代表企业主要有高盛证券、UBS 证券、JP摩根等。

### ▶ PE 基金：以丰富经验与见识，重建投资客户公司

PE 基金是指通过收购企业、派遣经营团队等方式，让企

业增值从而获取回报。投资对象为非上市公司，例如并购基
金、企业重组、风投等皆属这一类。PE 基金通过最终出售融
资公司获得回报。从卖出投资对象企业后得到的收益中分配
给负责人的成功报酬，叫做"收益分成（Carry Bonus）"，一
般来讲，收益分成的金额非常高。而且，由于投资基金公司
已经站在了融资公司股东的立场，所以年轻的董事长参与经
营企划的案例也并不稀奇，对于经营人才来说，这是极为宝
贵的机会。典型的 PE 基金公司主要有凯雷集团、KKR 集团、
贝恩资本等。

**互联网行业**

最后是互联网行业。特别是其中的运营部门、市场部
门、CEO 等，这些与推进公司事业相关的职位都备受关注。

可以预测，今后互联网行业会取得更进一步的发展。因
此，在公司的任职期间内有很多提高收入和晋升的机会。而
且，由于这个行业本身的发展，获得跳槽至同行业其他企业
的机会也会增加。

更进一步来说，这一行蕴藏着可以往互联网行业以外的
行业跳槽的丰富机会。这一点也备受瞩目。如今，即便在其

他行业，也都希望能应对电子营销。而且，企业在建立新事业的时候，经常会提到创建互联网商务模式。但是，由于在一般企业中，有互联网商务工作经验的人并没有那么多，因此只好从互联网行业直接把具备即战能力的老手挖过来。所以说，各个行业都会需要互联网商务的从业者，并且会用较好的待遇吸引人才。有互联网行业工作经验的人，即使跳出这一行业也会有非常广泛的选择性，可以说处于非常有利的立场上。

除此之外，互联网行业的相关职业还有许多优点，我会在其他章节详细解释。

此外，虽然都叫做互联网行业，但其实里面有各种类型的企业。具体来说，有以 EC 事业为主体的大型综合性服务企业，有经营游戏、娱乐服务的企业，也有在医疗、保健领域展开服务，给医疗行业改革、高龄化等日本正面临的社会问题直接带来影响的企业。还有创建菜谱网站的企业，运营商品比较网站、用户点评美食网站的企业，以及提供网络人身保险的企业，等等。有很多互联网企业以绝对的便捷度和低价格为武器，为大家提供现今生活中不可或缺的服务。置身于这样的公司，在企业管理这一工作上独当一面、大有所为的人也越来越多了。

# 换工作是否存在"年龄限制"

## 换工作不存在所谓的年龄限制

"过了 35 岁再换工作就很困难了。"我想不少人都听过这种"35 岁就是极限"的说法。那么,这是真的吗?

一般来讲,确实年龄越大,换工作越难。但是,关于"到多少岁的时候,会对换工作带来怎样的影响?"这个问题,其中混杂着好几个因素,不可一概而论。看一下我曾提供过的职业规划支援的客户的真实情况吧。35 岁以后换到工作的就不用说了,甚至四五十岁的客户也有很多成功晋升了职位。根据掌握的技能、应聘的企业和行业的不同,对于换工作时的年龄的想法也各有不同。在此,我想站在人才市场最前线的立场上,说明一下关于换工作时的年龄问题。

首先，对于你接下来想要进入的领域，你是毫无相关经验的新手，还是立刻就能开始工作的人才？个人情况不同，换工作时的年龄的要求也会不同。比如说，想去外资战略咨询公司工作，假如是之前没有过相关工作经验的人，那么35岁以前还是非常有机会的。但是，一旦过了35岁，跳槽进入咨询公司的难度会加大。然而，如果你是拥有相关工作经验的即战型人才，那情况就会完全不同了。拥有丰富的战略咨询工作的经验，同时能在销售业务上也发挥作用的人，即使年龄在50多岁也有可能被录用。实际上，在我们公司，也经常给被称作Partner（合伙人）的骨干级别的人提供职业规划的服务。比起初级职位，他们给咨询公司的经营带来的影响格外重大，企业也在非常积极地录用高级职位的人员。

接着，根据具体的职位，企业对于年龄的考量当然也不一样。在应聘事业公司经营骨干这类职位时，仅仅因为年纪太轻就被拒之门外的案例也是有的。我们公司经常会收到类似这样的委托要求：因为部门中有40多岁的员工，所以希望作为上司的事业负责人的年龄大概能在50岁左右。也就是说，确实存在企业希望应聘者的年龄越大越好的情况。所谓"35岁就是极限"的说法，只不过是毫无根据的谣传罢了。反过来，四五十岁的人去应聘初级职位的话，有时的确会十分不利。无论有多少经验和实力，即使应聘者本人觉得薪酬低一点也没关系，录用年长人士的上司在处理工作时还是会觉得很难办，所以企业有时会觉得招录年长者比较困难。但是，对于年龄大的属下难以管理，年龄小的部下好管理的说法，我个人还是持怀疑态度的。这似乎等于是在说，比自己年龄小的部下就可以随意要求了。年龄大的人阅历也很丰富，为人处世也会很成熟，有这样的下属，倒不如说非常难得。

行业不同，企业对于应聘者年龄的态度也不一样。如前文中所述，虽然有认为 50 岁以上当经营骨干比较好的公司，但在 30 多岁经营者较多的互联网行业中，很多企业还觉得40 岁年龄太大。因此，30 岁左右曾在咨询公司工作过的人在跳槽到事业公司谋求经营骨干职位时，要注意一般的事业公司会比较难进。而在成长中的互联网企业，这类人被录用到管理层职务的案例，倒是经常发生。

一般来说，年龄越大，在公司里的收入也就越高。因此，在找工作的时候，这样的人都希望能够获得更高的年薪。但到了新工作单位，走上相应的职位后，收入却变少了，这样的情况也会发生。这也算是年龄越大换工作越难这一说法的理由之一。但是，关于这一点，主要还是要看个人想法。如果你是那种不在意眼前收入多少，只要能选择做自己真正想做的事的人，一时的收入状况也无关紧要。

诸如此类，年龄会对换工作产生影响是因为混杂着许多

因素，有些人会积极面对，努力工作，而有些人却会消极怠
工，总之不能一概而论。我认为，重要的是要思考如何善用
自己的年龄。但是，这也不是说完全不必在意年龄，想换工
作就去做，就一定是好的。在换工作这件事情上，年纪越小
好处越多，这倒是可以肯定的。

## 趁年轻干一番事业才是王道

　　了解前文中的要点后，关于换工作的年龄这个问题，我
还想总结几点个人看法。

　　首先，对于考虑转换职业至全新领域的年轻人，我的建
议是：一定尽早发起挑战。应聘者的年龄越大，企业就更希
望应聘者是"即战型人才"，并且"短时间里要出成果"。于
是，在不曾有过工作经验的领域里被认为有潜力而被录用的
可能性每年都在下降。

　　另外我想告诉大家的是，哪怕是为了活用人才市场的行
情，趁年轻做好职业规划也是很重要的。在换工作的过程
中，"人才市场的行情"乃是决定能否成功的重要因素。企
业方录用意愿较高时则容易被录用，在收入、职位等方面也
容易获得较好的待遇。相反，如果企业录用意愿较低，就很

难被录用，也不太会提供好的待遇。也就是说，与"实力"无关。然而，由于这一点在能否成功换工作上占据了非常大的比例，是否能在知晓这个事实后再进行职业规划，在很大程度上会给今后的职业生涯带来很大的改变。

举个例子，没有战略咨询工作经验的人（33 岁）一直想成为战略咨询师。但是，如果抱着"离 35 岁还有一段时间，在进入外资咨询公司之前，先慢慢提高英语能力好了"这样的想法，可能就危险了。纵观近十几年的情况，每隔几年，人才市场的行情都会发生显著变化。假设又发生一次"雷曼事件"，全球经济状况再恶化的话，只消 3 年，人才市场就会陷入冰河期了吧。如果是这样，人才市场再次回暖的时候，你已经 36 岁了。而没有相关工作经验的人可能成功进入战略咨询公司的临界点为 35 岁，这时你就超过这个年龄了。若是如此，就十分有必要从根本上重新审视自己的职业规划。所以说，在行情遇冷的时间点换工作，一般不会得到很好的结果。而行情好的时候再"挪窝"，才有可能让事业得到飞跃性的进步。行情不好时坚决不动。为了"使市场行情成为自己的伙伴"，好好留有余裕，尽早做好"动起来"的准备，这一点非常重要。

最后，尽快积累必需的经验，就能尽早实现自己理想的人生图景，这是我想告诉给大家的。当然，无论是什么样的经验，只要认真努力都会真正变为自己的弹粮吧。"不要浪费经验""想办法变为自己的东西"，我认为持有这样的态度也很重要。但是，即便这么讲，也不是说无关紧要的经验也行。在积累无关紧要的经验的过程中，事实上会失去积累重要经验的机会。无论年龄是多少，尽快做好职业规划，向着目标行动起来才是最重要的。

# 女性应如何进行职业规划？
## ——应对较高的不确定性

## 女性的职业生涯伴随着不确定性

近三四年里，有很多女性客户来到我经营的人才中介公司咨询职业相关的事宜。引人关注的点在于，其中来自大型企业的优秀人才越来越多。眼看着同公司的女性前辈太辛苦，所以想要重新考虑自己的职业生涯，我经常听到女性咨询者这样说。

实际上，女性的职业规划的确与男性不同，我们应该从这样的角度来考虑："女性应该选择方便怀孕、生产、育儿，并且工作环境比较稳定的大型企业。"然而，事情并不是这么简单。有很多女性因为生产、育儿、丈夫调动工作、照顾父母等问题被迫改变职业的，这种较高的不确定性，造成女性的职业规划变得十分复杂，不得不离开供职公司的情况也不少见。因此，想要使再就业成为可能，女性朋友就要趁年轻时有意识地掌握好能在人才市场上得到好评的"技能"，女性在换工作时要比男性更加注意这一点。

"能确实获得产假的日系大型企业，才是女性应该就职的地方。"我想也有人会有这种想法吧。但是，它的前提是能够在企业里持续工作下去。然而实际情况是，在中高层的职位上，女性想要将全职工作和育儿两者兼顾，会十分辛苦。如果有两三个孩子，再没有自己和丈夫的父母支持，就更艰难了。为了育儿，可能需要离开工作岗位几年，这种事也会发生。另外，为了照顾双亲、丈夫调动等原因而不得已辞去工作的例子也经常会看到。

## 趁年轻，要有明确的技能傍身

之前在日系大型企业的综合职位上工作的优秀女性，想要从几年的空档回归工作，从而陷入苦战的案例不在少数。这和她们在之前的工作中被培养成"多面手"有很大的关系。比如有一位30岁出头的女性在6年的工作时间里，在会计、人事、销售等职位上分别工作了2年，然后又经历了几年的空档期。如果站在想要录用会计人员的立场上，就会把她当做只有 2 年工作经验的初级人员对待。想要把她作为人事人员录用的话也是同理。作为录用方，在综合考虑过年龄与经验的平衡以及是否有空档期后，就会判断出，倒不如录用"二次毕业生"① 更好。

另一方面，也有很多在外资企业工作的四五十岁的女性中层领导到我们公司来咨询。她们都是年轻时就在特定领域掌握了能成为"明确卖点"的技能，在这之后，工作的专业性基本不变，不断积累经验、技能、人际网。我想其中非常擅长职业规划的人似乎不少。像这样"持续延伸优势"的职业规划，重复做着做惯、做熟的工作，在工作上不会有很大负担，也容易与私人生活平衡，这也是它的一大优点。

当然，在所供职的企业中，如果能缩短每天工作的时间或者在家工作，这样有变通性的工作方式，想必是再好不过了吧。但是，像这样拥有弹性工作制度的企业，如今还很少。然而，如果你掌握着"如果辞职，公司就难办了"这样无法替代的技能，就另当别论了。公司会做出适当的让步，允许存在特殊的工作形式。拥有着辞职就会让公司困扰的"明确的卖点"，会变成你的优势。

---

① 是指工作了几年后放弃第一份工作，25 岁左右的求职者。这些人处于新毕业生和年纪较大的想更换职业的求职者之间。—译者注

打造明确的卖点，对于掌控职业生涯整体方向来说也是很重要的要素。在选择自己的专业领域时，希望大家从长期的眼光出发去谨慎选择。只因为收入上小小的差别或是公司和品牌的知名度等理由，去选自己不怎么喜欢的行业，会导致选了一份不开心的工作还得一直干下去。好不容易能找到工作，结果却那么让人心累，这不是本末倒置吗？另外，比起掌握只在特定行业才需要的特殊技能，有各行业都必需的技能傍身，你的工作才会更稳定。

本节中提到"女性如果想顺利转职，建议提早做好职业规划"的话题，实际上最近有很多男性中也在40多岁的时候因为要照顾父母而不得不离职。我们常收到这样的咨询："因为要照顾父母，已经有一两年没工作了，但还是希望能够再工作。"为换工作做好了准备，打造自己"明确的卖点"，这样的人在再就业的时候也会相对比较顺利。相反，没有做好充足准备，再加上年龄问题而陷入困扰的例子也很常见。当今社会中，职业上的不确定性不仅存在于女性身上，男性也是一样。

# 毕业大学对就职的影响？
## ——重新审视自己的目标

**毕业的大学不同，可以挑战的行业和企业也不同**

毕业的大学以及学历，确实会对职业生涯产生影响。

"毕业于哪所大学，和工作能力毫无关系。"提出这一看法的人，我觉得真是说得太好了。事实上，根据工作内容，学校和工作能力之间确实不存在任何联系。然而，我想大多数人也都了解，在实际的就职活动中，毕业的大学多多少少会有一定的关系。例如，城市银行、保险公司、综合商社等大型企业、咨询公司、专家集团等专业度较强的公司，基本上都喜欢录用毕业于名牌大学的人。

在此，以对毕业院校要求特别高的外资战略咨询公司为例，让我们一起来思考"毕业的大学"与"职业生涯"的关系吧。

在外资战略咨询公司里，如果是日本的大学，以东京大学、京都大学、一桥大学、东京工业大学、庆应大学、早稻田大学的毕业生为主要招聘对象，再往后就从旧帝国大学、神户大学等名牌大学中筛选。把门槛抬得如此之高的行业也真是少见啊。但是，先别管这门槛有多高，也别去评论它是否适当。毕业的大学的等级在一定程度上会限制可以挑战的行业，这也是不争的事实。

## 即便并非名校出身，依然能有许多选择

那么，不是出身东京大学等名牌大学毕业的人，想要进入外资战略咨询公司的话，应该怎么办呢？

虽然可能会有些辛苦，但还是有方法能从正面解决这个问题的：取得国外知名院校的 MBA（经营管理硕士学位）学位。事实上，即便不是毕业于前面提到的那些名牌大学，但如果修完国外 MBA 顶级学校的课程，成功跳槽至外资战略咨询公司的人也不在少数。话说回来，如果是已经从日本名牌大学毕业的人，即使没有 MBA，也还是能够进入外资战略咨询公司就职的。

但是，获得国外知名大学的 MBA 学位并非易事。不仅需要很高的英文水平——比如 GMAT 考试需要参加笔试、论文写作等科目，想要合格的话，需要付出非常大的努力——而且加上留学费用和生活费等，差不多要花费 2000 万日元。另外还有因留学而无法工作产生的机会成本，相当于要投资 3000 万日元。我想，即便是知道要花如此大的代价，但是为了获得宝贵的经验和理想的职业生涯，依然还是会有人选择获取 MBA 学位吧。然而无法这么做的人也有很多。

## 回顾自己规划职业生涯的目的

重新想一想，原本是为了什么才会想要进入外资战略咨询公司呢？当你的思考陷入瓶颈的时候，不如尝试回想一下最初的目的。"进入麦肯锡工作是我的人生目标。"有这种想法的人基本上不存在吧？出于以下这些理由，想要进入战略咨询公司工作的人还是相对较多的。

（1）对向企业提供经营战略的工作感兴趣
（2）积累与经营相关的工作经验，将来想要成为事业公司的经营者或者创业

（3）想获得高收入

如果你的理由是（1），那么有很多咨询公司对于毕业的大学其实并没那么高的要求。举个例子，综合性大型咨询公司的门槛并没有那么狭窄。而且，还有些公司会去收购著名的战略咨询公司，因此这些公司今后可能会成为咨询行业的核心。

如果你的理由是（2），去之前提到的其他类型的咨询公司工作也同样能积累经验，开拓出一条成为经营者的职业道路。而且，今后需要的是拥有互联网商业思维的经营型人才，除咨询公司外，还有去互联网成长型企业的选择项。尤其是对于想要创业的人来说，这说不定还是一条捷径。更进一步说，如果你的目标直指创业，那么为了积累创投企业相关经营经验，可以选择去以风投为主、支持各类创投企业的行业。这些行业，不像外资战略咨询公司那样对毕业的大学要求那么苛刻。

如果你的理由是（3），其实能够获得高收入的工作，不仅限于外资战略咨询公司。毫无经验的情况下进入外资战略咨询公司工作，35岁以前就能达到年收入1200万日元。确实这算是高收入，但是达到这样薪酬的方法有很多，具体内容我会在其他章节告诉大家。对于各位来说，灵活利用自身强项，也可以自行摸索出一套获得高收入的方法。

综上所述，通过重新回顾职业生涯的最初目的，能找到许多实现理想职业目标的方法，完全不需要勉强自己去那些对毕业院校要求特别高的行业。即便你并非毕业于名门大学，也不必为此烦恼。了解人才市场上对于你这样的情况是如何判断的，将之作为在考虑职业规划时的一个参考材料，也是很好的。再者，不同的行业或企业对于毕业院校的重视程度也有所不同。具体的情况，我认为还是直接去人才中介公司找专业的职业咨询师商量更好。

# 需要掌握何种程度的英语能力？
## ——学会及时止损

## 有较好英语能力，换工作也很有利

**咨询者**：英语是非学不可吗？

**我**：我觉得学还是需要的。英语好确实会非常有帮助。

**咨询者**：果然是这样呀……

**我**：但也不是说必须哦。

**咨询者**：不是必须学的吗？

**我**：是的，归根到底还是要看你具体的职业规划。

关于英语能力，是一个我在和咨询者面谈的过程中经常被问到的问题。很多人认为作为"现代商务人士，英语能力是必不可缺的。"在此，我想聊一聊，实际上企业在多大程度上重视英语能力？进行职业规划时又该如何看待英语学习呢？

　　从结论来讲，在如今的人才市场上，有一定程度的英语能力还是相当有利的。

　　从几十年前开始，在全球化的大潮中一直流行这样一种说法：“作为商务人士，英语是必需项。”但是，在实际的就职活动中，将英语水平作为绝对标准的企业只限于一部分外资金融机构和外资事业公司。就连外资咨询公司，在招聘时不询问应聘者英语水平的情况仍然占据压倒性的数量，日系事业公司更是如此。企业方高度要求应聘者的英语能力其实也是近几年才开始的。尤其是日本市场在全世界的存在感越来越低，所以不仅仅是日本大企业，一些中小企业也不得不进军海外市场。因此企业才开始对应聘者的英语能力正式提出要求。如今，不少创业公司在创业初期就开始预想到全球化发展战略，制订相应的事业计划。日系企业在进出海外市场的时候，由于能够在公司内部的英语环境中开展工作的人才严重不足，便不得不优先录用会英语的应聘者。

　　而在以前，日系企业在人员录用方面，比起语言学习能力，通常优先考量工作经验和能力。只是英语好，一般不会得到很高的评价。但是如今，优先录用英语好的应聘者的企业则呈增长趋势。只要英语好，即使相关工作经验和能力没有那么高，也能被录用。由于录用需求高，会英语的人的收入必然也就越来越高。由于机会多，所以对待遇提出条件也很有利。

## 不擅长英语的人，不妨选择"舍弃"

那么，需要有何种程度的英语能力，才能在人才市场上得到足够认可呢？根据应聘的企业，这也是不同的。拿TOEIC成绩作比喻，如果考到800～850分，大多数情况下就会认为你达到商务水平了。当然，比起TOEIC成绩本身，更重要的是在商务环境中是否能实际应用英语，在全英语面试时能否顺畅地与考官交流。也就是说，企业所要求的是更高水平的英语能力。

"可是，我真的讨厌学英语啊。"我想一定也有如此抱怨的人吧。如果您也是这样，该怎么办呢？

说到底，如果只是具备一般程度的英语能力，在职业规划中也没有太大的意义。如果预计自己的英语能力将来不可能达到商务水平，那我可以这样说，即使花时间学英语也是浪费精力。不如"舍弃"英语，把精力投入其他领域。假设一个非常讨厌英语的人拼命努力，好不容易TOEIC考到600

分，我觉得在实际工作中也基本起不到用处。想必在职业上
的选择也并不会出现多大的差别吧。

关于英语学习，需要注意的地方是，如果要达到商务
水平，就需要花费大量时间。如果您已经把以前学过的英
语忘得精光，要达到商务级别的话，需要花 2000 ~ 4000
小时。即使每天学习 2 小时，也得花费 3 ~ 6 年。要做就
做得彻底，如果没有努力到最后的自信，倒不如把时间留
出来磨练其他技能不是更有效吗？英语不好，可以做些不
要求英语能力的工作。而且，即使自己不会英语，与会英
语的人一起工作其实也不会有什么问题。磨练自己喜爱的
领域的技能，以这项技能谋求高职，到了中高层的职位后，
如果确实需要掌握英语，招聘一些会英语的人才到自己麾
下来帮助自己就行了。

说起来，其实我也在很早的时候就放弃学习英语了。因
为我在初中、高中时非常讨厌英语，所以很早就"看穿"了
自己。从考大学期间开始，就把英语扔在一边。如果我这种
带着别扭的情绪，还不知道到底该不该学，就为了学英语这
一件事倾注几千小时的宝贵时间，那么就没有充足的时间学
习经营上所必需的技能了。就这样，也许通往创业的道路正
在慢慢"关闭"。

当然，如果您觉得学英语很开心，属于那种不讨厌英语

的人，请您一定坚持学下去。但如果认为学英语实在太痛苦，就没有必要勉强自己，要知道还有其他的道路可以走，希望大家能想得乐观、轻松一些。"要做就去做""不做就不要做了"，好好做决断，别浪费人生中宝贵的时间，和考资格考试一样，请注意自己的精力分配。

第 3 章

# 你的"常识"可能是错的
## ——容易掉入的职业陷阱

# 想要消灭弱点
## ——"圆形职业经历"的陷阱

### 认真的人打造的"圆形职业经历"

询问一些来咨询换工作问题的客户就会发现，似乎有不少人希望能打造一个可以磨练所有技能的"圆形职业"。"我这方面比较弱，首先加强这一点，接着那里也要加强……"就像这样，想有一个在所有领域"各得80分"的职业。如果用雷达图表现各领域的技能水平的话，应该会是一幅凹凸极少的平整画面，所以叫做"圆形职业经历"。意图打造如此完美职业生涯的人，通常是那种看起来认真、踏实的人。

"我学会了会计、财务相关的技能，但是，与市场、战略制定有关的知识还不是很充分，接下来想进入可以学到市场营销知识的公司。作为经营骨干，也不能完全不懂组织架构方面的内容，人事经验也是必需的吧。最近，在商务场合得会英语，这样一来，海外的工作经验也成必需项了……"希望如此打造完美职业经历的人们，总想消灭弱点，提升各个方面的技能，都想达到相同的水平、提高自己的综合评分。

这种做法，到考大学阶段可能还是有效的。因为入学考试是单打独斗，以总分决胜负，全部的考试科目都能考到好分数，才更容易考上好大学。只有一科成绩全国领先，但不擅长的科目却有两三个的话，考上理想大学就没什么把握了。而且，即便擅长的科目再厉害，最多也就是考满分。最后，比起一科考 100 分的作战策略，所有科目都取得 80 分要来得更容易。因此，在大学入学考试上确实需要同时兼顾多门课程，这样成绩才会更好。


## 在商界，有突出的职业经历更受好评


但是，商界完全是另一个世界。因为是以团队、组织集体开展商务活动，一个人的不足只要有其他人来弥补就行了。就好像团队作战参加入学考试一般，团员每个人分担各自擅长的科目，问题就可迎刃而解。因此，面面俱到却学而不精的"圆形职业经历"反而不会获得好评，而拥有突出的技能和能力的人则会被认为能产出更高的附加价值。

这样来看，像前文中提到的会计做 3 年，销售做 3 年，人事做 3 年……只是慢慢地在不同领域积累经验，这就是所谓的"多面手"在人才市场上不被认可的理由。如果是会计职位，比起采用积累多年毫无相关业务经验的人，做过 9 年会计的人更受青睐，这应该很容易想象得到吧。

在商业世界里，想对所有技能"雨露均沾"的"圆形职业经历"，付出大量的时间和精力反而得不到好的评价。"以防万一，也掌握这项技能吧。"本来想象这样给自己上保险，却会发生反而把自己逼入窘境的情况，倒不如鼓起勇气去放弃："这块领域我就不碰了。"集中精力在自己擅长或是喜欢的领域积累经验并发挥出来，才是最重要的。想要在人才市场上获得好评，要有一个基本的思路方向：专注于某个领域，磨练并掌握比对手更高超的技能水准。

趁年轻在特定领域掌握拥有"明确卖点"的技能，之后不要轻易改变职业的专业性，积累经验、技能和人脉关系。像这样"不断增强优势"的职业规划，主要是反复进行熟悉的工作，因此，工作上负担轻也是它的一个次要优点。"所谓战略，关乎'舍弃'"，这不仅是企业经营战略的要旨，在职业规划上亦是金玉良言。

# 一场寻找自我的壮游
## ——职业测试的陷阱

## 用分类型测试来决定职业去路是不可行的

想要获得理想的人生，就要扎实地做好职业规划。另一方面，如果对自己的职业规划设计得过于死板，只是摸索自己适合、不适合什么，结果走上了"寻找自我的壮游"的话，就很麻烦了。这样的现象，偶尔会在高学历、优秀且谨慎的人身上发生。在尝试职业类别测试、性格测试等多种测试后，常常会出现"测出来说我适合做会计，好像不太适合做经营者……""可是又在其他测试里，测出来说我是领导型，看来还是要以经营者为目标啊……"这样的情况。这样不断地"寻找自我"，却变得甚至连最开始的一步也无法迈出。

书店里关于职业规划的书架的一角，摆放着大量职业测试、性格测试等相关图书。但是，对于从"自己就是这种性格"的测试结果就得出"适合某个职业"的逻辑，我持怀疑态度。比如说，从"你的性格属于心思缜密型，很有毅力"的结果，就推断出"你适合做会计"这种简单的答案，这种逻辑毫无道理。即使是经营领导类型的工作，也既有那种非常细心、对于具体的工作都会提出意见而大获成功的经营者，也有只在大方向上做出指示、之后全权交给优秀下属负责而获得成功的人。更进一步说，既有凭借野兽般敏锐的嗅觉和直觉下达适合判断的经营者，也有深谙行业规则、基于事实做数据分析而冷静做出判断的人。像这样，即便是同一种职业，也有不同的获得成功的方式。如果明白这一点，你就会明白按照职业测试、性格测试的结果来决定职业去路，这种做法很不可行。

## 先尝试，再验证

我认为，首先要基于喜欢做的、想做的事情来考虑自己的将来。我已经看到不少人在讨论适不适合的问题上浪费了太多时间，所以希望大家不要在这方面过于纠结。像前文中提到的那样，在大多数情况下，在理想的行业和职业中也会有各种不同的成功方式，所以没有必要去放弃自己想做的事，只要能想出发挥自己特色的方法就行。另外，如果不在现场实际工作，就不可能知道自己真正适合什么。在尝试的过程中如果感觉确实不对劲，这时再停止也不迟。

虽然说不试一下就不知道是否适合，但我也不推荐大家马上就去换工作。"先初步尝试"这一点很关键。如果你还是学生，可以尝试以实习生的身份积累工作经验；如果是职场人士，可以去参加招聘企业举办的职业讲座或相关的学习会，来确认自己与实际的工作内容是否契合，这样也是比较有效的做法。其他的，比如在公司里听听其他部门前辈们的意见，这样的做法我认为也不错。如果你本来是销售人员，却觉得"财务工作似乎挺有趣"，可以先询问公司财务部门同事的意见。另外，申请参加公司外面的交流会，也是可以尝试的方法。只是不断做职业测试，却依然找不到自己应该前进的道路，不如选择"先初步尝试"。

当然了，我并不是要否定认真摸索自己前路方向的这种做法，相反，我觉得思考人生方向是件极为重要的事情。但是，不能一直钻牛角尖地冥思苦想。"好不容易考上大学，进了有名的公司，不想失败。"我非常理解这样的心情，但是对自己要前进的目标总是犹豫不决，不肯迈出第一步的话，本身就是在冒很大的风险。我认为大家有必要了解到这一点。随着年龄不断增长，企业对于你个人潜力的考量也会降低，你能够选择的选项也越来越少。

而且，在自己犹豫不决的时间里，对手早已在那条路上不断地积累经验，不断进步。最后因为自己比对手们落后了好几年，即便是选择了相同的职业，想要成功也变得很困难了吧。乍一看，似乎按兵不动是在回避风险，然而随着时间流逝，选择其他职业的风险也在不断升高。希望大家平时就要注意这一点。

# 进不了麦肯锡就去高盛？
## ——品牌导向的陷阱

### 过于看重公司的知名度，终会迷失目标

我们经常会接到一些正在求职的学生朋友的咨询，由于我经营的人才中介公司主要业务是支援"想要换工作"的人，学生的求职咨询与我们的本职工作并没有直接的关系。但为了帮助这些求职意愿较高的学生顺利开展就职活动，在时间允许的情况下，我都会尽量与他们面谈。

前些天遇到了一名学生叫竹中（化名），是日本东京都内某私立名牌大学的大四学生。至今他参加了许多知名公司的实习活动，海外留学经验也非常丰富，是名优秀人才。当我问起他找工作的情况时，他说："现在我已经收到战略咨询公司 X 社，以及投行 G 公司的债券部门销售职位的邀请。"

我接着问他:"你将来想做什么呢?"他明确回答:"在20岁左右的时候踏实学习经营知识,将来想要创业。"他说的创业并不单纯只是憧憬,由于他的老家务农,所以对于日本农业的未来有很强的危机意识,似乎真的在认真考虑创立一番能够解决问题的事业。

当我说:"噢,能得到战略咨询公司X社的邀请真好呀。"竹中如此回答:"实际上,我想进的是头牌战略公司M社。可惜面试失败了。虽然行业领域不同,我现在正烦恼是不是去投行中知名的G社更好呢。就算再去应聘M社,比起X社,更有可能被G社录取吧?"

我想各位读者应该已经察觉到了,竹中开始决定走上与原本设定的目标相异的道路。如果从事投资银行销售工作,确实能够年纪轻轻就得到普通商务人士想都不敢想的高收入。而且,基于之前的实际业绩,其他投行发来的邀请也会非常多。这样一来,就有一个如假包换的完美名人职业生涯了,简直让人无可挑剔。

但是最重要的不是一般意义上认为的"好的职业",而是要对自身有意义的职业。无论别人怎么说,比如"你在G社工作啊,真厉害"之类,如果不是对你来讲有意义的职业,就不能说是一个好的职业。

即使在投资银行积累再多的债券销售经验，也无法获得经营相关的技能和经验。选择了这条道路，在重新考虑进入战略咨询行业时，已经比刚毕业就入行晚了好几年，这就会成为障碍。

## 比起一时的名气，更应该从整体考量自己的职业规划

像这样，受公司名气的诱惑而错误规划职业的案例实在不算稀奇。为什么说这样很危险呢？"应该积累想要做的工作的相关经验"，从这一观点之外的角度看，也能够解释这种做法的危险性。

提起昔日的知名企业，就不得不提到日本兴业银行。这家公司相当难进，连名牌大学中找工作积极性较高的优秀学生在应聘这家公司时都会认真准备。但是，如今 20 多岁的年轻人并不知道兴业银行原来是那样的公司。不止如此，甚至连银行名字都没听说过的学生也有很多。对于像我一样的 40 多岁的职场老鸟来说，真是感到十分震惊。但是，在现在学生们就业的选择中，贸易公司变成了热门行业。我想四五十岁的商界人士都应该了解，日本曾经还出现过绝对不能进贸易公司的论调。实际上，在过去经营不善的贸易公司被并购

的事情频繁发生，该行业内经常发生巨大的变动导致贸易公司在学生中失去了人气。而咨询公司成为就职中热门度较高的行业也是近20多年才开始的。从前，除却极少数的公司，一般的商务人士甚至连很多咨询公司的名字都没听过。如今，以东京大学为首的名牌大学学生蜂拥而至的互联网创业公司也是如此，10年前根本不会有名牌大学学生特意应聘这样的公司，而且以前这些公司的薪酬水平也很低，与如今热门企业的盛况相去甚远。就像这样，所谓企业的知名度也是在不断变化的。即使现在的你觉得这是知名行业，但这种热度到底能维持到什么时候，很大程度上只能看运气。

受名气吸引，而将职业生涯导向错误的方向，这样的例子不仅会发生在刚毕业生的学生身上，就连在想跳槽的职场人士中也并不少见。"如果进了知名企业，之后再跳槽不也能进入不错的公司吗？"换工作时有如此想法的人请注意，比如你进了高盛，就认为"下次换工作就可以任意选择企业"，这种想法很危险。无论怎样，在你身上积累了何种程度的经验才是最重要的，企业的知名度只能在其次。

当然，企业的知名度也并非毫无价值。同样是咨询公司出身的两名应聘者，在实力相当的前提下，比起在知名度低的咨询公司工作的人，麦肯锡出来的人在人才市场上会更受好评。而问题在于，仅凭企业的知名度就断然决定自己接下来工作的企业的人实在太多。我认为,在规划自身职业生涯时,重要的是想想这个工作是不是能积累对未来有用的经验。

经过我的咨询之后,竹中为了实现自己的梦想,决定去战略咨询公司 X 社就职了。看到他趁自己还青春年少就能认真谨慎地思考人生而迈步向前的样子,我也感到非常欣慰。

# 和父母、上司征求意见
## ——代沟陷阱


### 听从父母、上司的意见，在转职问题上判断失误


  有这样一位女性，以应届毕业生身份进入外资咨询公司，工作了 5 年左右。虽然她对于工作内容很满意，但总要工作到深夜，实在让她的身体吃不消，便提出希望能换到可以兼顾工作和生活的工作环境。由我负责支援她换工作的活动，最后从工作气氛不紧张、风评不错的外资公司那里顺利拿到名额。这家公司的工作环境可以把工作与生活平衡好，也能够长期任职。另外，相比之前的工作，收入也有所提高，对于这位女性咨询者来说简直没有比这更合适的职场了。而能为她成功换工作出一份力，我也松了一口气。

  然而没过多久，她突然联系我，说想去之前应聘得到邀

请的日系事业公司。如果是自己主动应聘，获得的是适合她职业目标的企业邀请，完全没问题，甚至可以说非常可喜可贺。但是，这家日系事业公司是典型的男性主导的工作环境，对于女性来说，工作起来非常困难，是出了名的难搞职场。不仅收入会剧减，日后升职也很难，可以预想到今后想要建构长期的职业规划会有多难。说是说为了寻求工作与生活平衡而换工作，却选择进入这样的日系事业公司，摆明自相矛盾。

为她担心的我再次找到她，想要直接问问她这样选择的真正理由。原来，是因为"被父亲劝说的……"据她所言，父亲给出的意见是这样的："你看，就是因为你去的是外资公司才会这样啊。这次还是听爸爸的话，日本的大公司还是安稳些。"结果，她听从父亲的建议，换到了日系事业公司。但仅过去半年，觉得"还是不行……"又来找我商量了。正是因为事前明明可以回避掉这个错误，所以我自己都非常着急。而且，就这位女性咨询者的条件来看，真的非常优秀，资历又丰富，所以之后才能顺利地扭转局势。可要是换成能力、条件一般的人，半年之内再次转职就非常不利了。请一定要注意。

## 请注意，职业价值观各不相同

诸如此类因为听了身边人给出的转职建议而判断出错的情况也会发生。虽说并非所有人都会碰到这个问题，但如果向年龄较大的家人或上司询问职业意见，就有可能收到与新式职业观相异的建议。

首先，如上面例子一样，找家人或关系较亲的上司商量自己的职业生涯时需要有所警觉。不可否认，他们都认真思考过才和你说出想法的，这是很宝贵的。但是，谈到关于职业方面的具体问题，作为基础的职业观和相关知识领域，他们也许就有点"老土"了。这一点，希望大家有所了解。

大多数55岁以上的人所走过的职业道路，是在人才市场尚未发展的背景下进行的。大学毕业就进入优良的大型企业，在公司里努力竞争，不输给其他人，对他们来说就意味着形成了职业生涯。而且，在日本的泡沫经济时代，他们从来无需担心所在的大公司倒闭等问题，与现在不可依赖一家企业社会环境在前提背景上就有很大差异。

如今，正在积极换工作的人的父母那一代，有不少人都有这么一个印象："外资企业虽然收入高，但是不稳定。"然而，现在哪怕是可以代表日本的大型制造业公司都开始裁员，或是被外资企业收购。即使是日系大公司的员工，也绝不算在安全区。

　　另一方面，如果能在较好的外资公司等企业累积 3 年工作经验，掌握明确的技能，就可以在人才市场上受到关注。这样一来，即使所任职的公司突然破产，能选择的公司也非常多。我把这种状态叫做 "将人才市场作为安全网"。以往那种 "将一家企业作为安全网" 的职业生涯，在现在这个时代风险非常高。父母、上司确实是自己身边关系紧密的人，但希望大家也要意识到，他们最基本的职业观和相关知识也有可能与现代形势不匹配。了解这一点后再找到他们商量比较好。

## 参考专业人士的意见

　　如上所述，希望各位能够了解，在找家人或关系较近的上司咨询关于自己职业的意见时要留心，并且可以一边听取人才中介公司中职业咨询师的意见，再慎重做决定。因为职业咨询师日常关注人才市场上的动向，不断吸收最新的信息，在知识层面上可以说非常值得信赖。

　　但是，找职业咨询师商量，与向你的家人、关系好的上司求助不一样，他们并不一定都是为了你着想而提供建议。我从一些咨询客户那里时常听到这样的事情，因为把前来咨询的人介绍到给出薪酬条件更好的公司，拿到的佣金更多，因此也有的职业咨询师会极力"说服"客户这么做。我作为人才中介行业中的一员，对于这样的状况感到非常遗憾。希望大家事先了解可能会有这样的情况发生，从而冷静地接受咨询比较好。尤其是要求在短期内完成定额业务指标的人才中介公司，有可能里面的职业咨询师为了追求眼前的业绩，会给你推荐不适合的企业。请各位读者一定多加警惕。

# 换工作惨遭失败的三种模式
## ——起步期的陷阱

## 频繁换工作并不能解决问题

如果是基于职业规划做出的行动，多次换工作本身也不存在什么问题。但如果是出于工作不顺利等理由总是在换工作，就有必要注意了。

一在公司进展不顺利，马上就会想："这家公司XX这一点不适合我。还是再跳到其他公司吧……"之后在另一家公司工作又不顺利，马上又觉得"这家公司在这点上也不适合我。下次我得去这样的公司"。像这样不停换工作的人，我在实际的咨询工作中也碰到过。然而，如果是这种情况，也有可能是工作内容和工作环境以外的理由导致自己工作不顺利，只是一味的跳槽也许并不能解决问题。

在下一家公司中也无法顺利发展职业生涯的典型代表，有以下 3 种类型。

## 不注重与周围人的合作

第一种类型："缺少与周围人协作的必需技能，得不到来自周围人的好评。"比如说，有些人连最基础的沟通技巧似乎都不具备。也许你会说，"那么简单的事情谁都能够做到。"然而，我想带过下属的人应该比较了解，有很多人根本不会主动报告工作的过程和结果。如此一来，上司就不得不检查下属每一步的行动和进展，这对于上司来说是很大的负担。当然，这样也会让上司以及周围人产生不满情绪。因此，不重视沟通的人，无论换多少家公司工作，都会被同事认为是"不适合团队合作"。沟通并不是难事，明明有很强的实力却因为这种事吃亏，实在很可惜。"明明我很努力了，为什么还是得不到领导的好评呢？"有如此感受的人首先应该做的就是审视一下自己是否在进行良好的沟通。

## 失败在起步阶段

第二种类型:"刚进公司时就开始犯懒,陷入了恶性循环。"如果能在刚进公司的时候就开始努力冲刺,在早期就取得一些工作成果,就能从周围人那里获得好评:"这个人好厉害呀。"当然,自己的工作动力也会提高。如此一来,你就会越来越容易投入工作,也就会更容易取得好成绩,工作就会进入良性循环。相反,如果在起步阶段就没有一个良好的开始,在工作上迟迟拿不出成果的话,周围人对你的评价就会变差,而你自己也会觉得工作越来越无趣,从而陷入恶性循环。这种循环结构所带来的影响非常大。这不仅限于刚进入公司的时期,工作一旦陷入恶性循环,想要摆脱出来就相当麻烦;但如果是好的循环,你在工作中就可以愉悦地、自然地持续产出成果。我也曾与许多公司的管理层接触过,他们中在工作上进展顺利的人,大多数都很擅长利用这种循环结构的力量。重要的是,即使在起步阶段不顺利,你也要继续努力,坚持到出成绩为止。这样做,你的工作就会进入良性循环。在出成果以前,先咬牙坚持,这是进入新公司时最关键的一点。初期可能会觉得很辛苦,但其实只要努力一年,一般人都会感觉到自己的工作进入了良性循环。越是不努力,就会越晚进入好状态,就会一直延续很辛苦的工作状态，在工作时也就越发辛苦。"换工作的第一年里要埋头苦干。"希望各位读者一定要牢记这一点。

## 无法接受新的工作方法

第三种类型："无法很好地吸收新公司的工作方式和价值观，拿不出好成绩。"在新进公司中，当然有许多地方会与自己之前所掌握的工作方法和价值观不同。这种情况不仅会在进入毫无经验的行业时发生，即使是为了提升自己的职位，跳槽到有相关工作经验的同行业内较高端的企业时也会出现。人在遇到与超越自己从前培养起来的知识范围时，一般无法立刻理解其中的价值。但是，坦然接受这种全新的做法，稳步地开展工作，就会发现："原来如此。是因为这样，这种方式更好啊。"如果总是拘泥于一直以来自己固有的做法，就永远不会取得成果，从而出现在公司里再无容身之处的这种情况。原本就是为了学习新的工作方法，才会选择跳槽来让自己的事业有进一步的提升啊。大家尝试着回到原点，抛弃先入为主的执念，尽情吸收新的知识吧。

## 如果公司确实有问题，不要勉强自己

　　到此为止，我都在跟大家讲这样一件事："以公司和自己理念不合为理由'不断'换工作的人，要重新检视一下自身的问题。"

　　但是在实际中也有这样的情况：自己个人的努力无法改善公司的状况。那就别勉强继续在这个公司工作了。也会有诸如"在公司里被分配到职权压迫出了名的领导手下，内部调动又很困难""因为公司里的职场政治和职场恋爱之类的事，包括领导层在内的人际关系太混乱"这样的境遇。更有甚者，还有"硬逼我做假账"的例子。如果发生以上问题，请千万不要勉强自己再继续工作下去。如果在那种环境下逼迫自己努力的话，可能会影响身体健康，最终还有可能对之后的职业规划造成很大的影响。如果从早上到深夜一直在公司上班，就会感觉公司就是全世界，但事实绝非如此。这家公司，只是众多公司中的一家而已。请大家保持更轻松的心态去思考，把目光投向外面更广阔的其他世界吧。

# 怠慢现在的部下或上司
## ——人际关系的陷阱

**经常给周围人强加负担，会阻碍自己的职业规划**

如果你是那种喜欢随意使唤自己下属的领导，就需要注意自己的职业生涯了。

"这本书是讲职业生涯，而不是关于领导能力的吧？"也许你会提出这样的疑问。事实上，与下属之间的关系也会对你自己的职业生涯带来影响。在供职的公司实行蛮横的管理方式，习惯性地给下属强加巨大负担，遭到来自下属反击的事情，现实中确有发生。下面给大家说明一下真实发生的案例吧。

50多岁的织田（化名）先生，曾是某家大型系统开发公司优秀的销售经理。凭着其超强的工作实力，在工作中充满自信，为人也很爽快。换工作时，他将自己至今的优秀成绩详细记录下来做成书面材料，提交给了好多家系统开发公司。令人意想不到的是，他甚至在书面遴选阶段都无法通过。

"这到底是为什么呢？"织田抱着疑问，来我们公司找到职业咨询师时这么说。"果然如此啊……想想确实有过这样的事。"原来以前曾经在他所在的大型系统开发公司工作的下属，已经成为织田应聘的各家公司中的领导了。通常来讲，熟人好办事。但是由于织田当时年少轻狂，管理风格十分严酷，使当时的下属遭了不少罪。在如今织田应聘的这些企业里，有了解他当时行径的人就会在书面审核阶段拒绝织田。织田从前的行为成了今天的绊脚石。

更棘手的是，织田原来的公司规模比较大，人数也相当可观。曾作为他下属的人如今分散于同行业内，活跃在各家公司。而且，其中很多人对织田并无好感……面对这种状况，为人豪爽的织田也败下阵来。最终我们介绍他进入大型企业集团公司中新成立的系统开发公司。但这次的事情，似乎也让织田对自己的工作方式多了一些反思。

## 反思平时的工作状态

　　因此，在已离职公司的人际关系会对十年、二十年后换工作时带来影响。实际上，如果能从之前被严厉管理的员工的角度来考虑，大家应该就能体会了吧。曾经那样折磨过我的上司，如今来我所在的公司应聘了，谁都会觉得"我才不想和那种人共事呢"。

　　原本来讲，工作中总会发生纠葛，有一些麻烦也没什么问题。然而，实施强迫式的管理方式，将下属逼到无奈只好辞职的程度；或者相反地，架空下属，不让其正常工作，不断做出影响周围人工作积极性的言行，在之后的职业道路上很有可能也会出现织田那样的情况。太过粗暴地对待他人，即使现阶段没有不好的事情发生，将来也有可能会给自己的职业发展带来不好的影响，请一定要多加注意。

# 坚持走"精英路线"
## ——公司内部评价的陷阱

## 公司内部评价与人才市场评价不是一回事

　　在公司工作，想必都会在意公司的内部评价吧。"希望自己在公司内部得到周围人的好评""要爬上更高的职位，想要一路都很顺利"，有人会这么想，也是正常的。但是，我想指出的是，从外部人才市场给出的评价，并不一定和公司里的一致。

　　例如，我也看到过这样的人：有某银行○×支行工作的经验，被认为是能够成功发迹的路线，所以他一直很注重银行内部评价并思考自己的职业发展。当然，如果只是在这家银行工作，很有必要按照银行内部评价的标准打造自己职业道路的想法。然而，这种银行内部基准并不一定和人才市场上的评价有直接的联系，请各位一定要注意这一点。从城市银行转至不同行业时，以曾在原公司获得好评的银行精英身份作为宣传点，基本上不会影响企业对你的评价。想要从城市银行跳槽至相同金融行业的其他公司时，确实能得到类似"曾经有过在○×分行工作的经验，这样看来公司内部评价应该相当高吧"这样的加分评价。但是，这一点一般不会成为决定性因素，说到底，面试时个人的表现才更为重要。

未来，想通过换工作来提升职位的人，我的建议是应当先好好了解人才市场上会得到认可的能力是哪些方面，然后再去思考公司内的职业道路怎么走。在公司里只在乎公司内部评价的话，一旦跨出原来的圈子，许多人就会发现根本不是这么回事。因为是平时天天接触的团队，总会有些过誉的倾向。

## 不要拘泥于公司内部评价，多多磨练自己的专业性

在日系大型企业，有的公司认为被分配到人事部是条精英发展路线。这样的情况却与人才市场上的评价毫无关系。例如，有个人大学毕业后就被知名贸易公司聘用，分配至人事部门。如果只是有人事相关的工作经验，在换工作时就会

被企业认定只是人事方面的职业人才。这样一来，好不容易有这么好的贸易公司工作经验的优势就削弱了，在人才市场上的评价还不如那些企业有需求的、有海外销售经验的其他人。即使你觉得"明明我在公司中得到的评价最高"，实际走到人才市场上去，可能会发现得到的评价正好相反。这样的情况并不少见。

在人才市场上，越是拥有比较优势的专业性人才越是能够获得好评。因此，在自己想要钻研的领域不断积累经验，才是最重要的。如果将来想要进入会计、财务行业，即使会计部门在公司里不算比较好的部门，也不要太在乎公司内部评价，选择会计工作来打造自己的职业路线，才是最关键的。如果并不想在这家公司干一辈子，就不要在过多考虑公司的标准，而是要扎实地着眼于自己想要进入的领域，主动积极地构筑自己的职业道路。

# 第 4 章

# 商业精英们都在实践的事情
## ——职业规划的规则

# 创造"职业愿景"
## ——从了解自己的喜好开始

## 以自己的"喜好"为前提描绘"职业愿景"

职业愿景，即自己的职业目标直指何处，在职业规划上极其重要。所谓职业愿景是指长期的目标。当然，根据规划时的年龄、设定的目标内容，能够将职业道路规划到何种程度也会有所不同。一般来讲，如果是 25 岁之前，也许大多数人会考虑 20 年后的目标。如果职业愿景发生变化，应该积累的经验乃至整个职业规划都会改变。要是拼命努力到达的地方并非自己所希望的那样，那么所有的努力也就没有意义了。因此，目标设定如果出错，就会得到鸡飞蛋打的结局。

然而，我想有不少人都有这么一个想法："说起来我连应该有什么目标都不是很清楚。"那么，关于职业愿景应该如何考量比较好呢?

　　我在与正在进行就职活动的学生朋友面谈时,发现也有不少人会关注企业品牌和流行趋势来确定自己的职业目标。似乎大家都抱有这样的想法:越热门的工作,价值越高。也许这与"进入更难考的大学对自己更有利"的想法很像。但是,用这种观点来决定重要的职业目标合适吗?

　　职业愿景是规划将耗费人生大半时间的工作的重要项目。我建议大家以自己的"喜好"来确定。本来就是做喜欢的事才会更开心;如果不是自己喜欢的,也就很难长期坚持下去,更别提取得比对手更好的成果了。在与四五十岁的经营骨干交谈的过程中,在这点上我与他们的意见保持一致:"把喜欢的事情做好、做得更深入,就会越来越顺利。"

　　另一方面,选择喜欢做的事,投入时间和精力,成为一流精英之后也会给社会带来好的影响,同时也会提高收入水平,总之回报非常丰厚。想想看补习培训行业吧。我想学生时代做过兼职的人应该了解,给学生上课的培训班讲师,需要付出极大的劳力,得到的平均收入却绝对不能说是很高。但是,如果成为全国顶级培训学校的讲师,课程就会在全国范围发布,相应地也会得到极大的回报。要是能以某一科目获得全国一级讲师的地位,甚至可能全世界的考生都想听你的课。如此,收获的可不仅仅是收入而已。看看最近很热门名讲师的活跃程度，相信你就明白了，以各种形式在社会上引起反响也是极有可能的，甚至还能展开一些不仅限于培训讲师的活动呢。

只要能在任何领域成为一流人士，获得的回报都变得异常之大。也许我们下意识会把目光放在同行业的平均收入水平上，然而最重要的是，无论选择做什么，都要想办法成为最顶尖的人。我这么说，想来也会有人讲"哪有那么容易成为著名讲师"，那么你觉得，在热门的综合贸易公司里力压对手跻身董事要职，还是作为培训讲师获得成功的可能性更高呢？虽然无法一刀切地说哪个更难，但是无论选择进入哪个行业，想要晋身一流级别都不容易。这个社会就是如此，越是热门的世界竞争越是激烈，这也是不辨自明的道理。从这一意义上来说，排除既有观念，以自己的价值观为基准做决定是非常重要的。

## "领域" + "立足点"，确定"喜好"

在此，以自己的"喜好"描绘职业愿景的角度，我来介绍两点。

第一，思考喜欢"领域"的方法。作为典型代表，比如立足"服装行业""娱乐行业"这类行业需要有怎样的视角；"市场营销""财务"等职种又有哪些角度。另外还有可以选择横跨好几个职业的跨学科领域或全新领域的方法，例如"企业重建"这块领域就很符合。虽然限制在企业这一平台上，但这是各种已有领域互相叠加后产生的跨学科领域——财务、法律、经营战略、组织改革等。另外，选择如"环境问题""日本农业改革"这类致力于解决社会问题的领域，我也觉得挺好。这世上没有完全适合自己的工作，只要社会有需求，完全可以自己创业，创造出一份工作。

另外一个，思考喜欢的"立场"的方法。即使领域相同，站在不同的立场见到的风景也会有很大差异。即使在同一家公司工作，总经理和员工也是站在完全不同的立场上的，因此工作内容、责任、给组织和社会带来的影响，都有很大不同。事先了解自己喜欢站在怎样的"立场"，在规划职业时非常有帮助。而无论在什么领域里，都会有人想要成为经营者吧。接下来，我将会介绍最具代表性的 4 个立场。

### 企业经营者

假设你是在大型事业公司担任经营领导的企业经营者。具体来讲，位于大型外资事业公司、大型日企、大型股份制企业等组织中的经营骨干职位，会有这样一种乐趣：率领团队组织，灵活运用经营根基为社会带来影响。乍一看这似乎是非常有魅力的。然而，经营管理工作并非对所有人来说都是快乐的，也有不少人还是适合在业务现场与客户直接接触。

### 创业公司经营者

为了实现自己的理想，从零开始创业，在创业者创办的公司中作为经营干部参与创业的创业公司经营者。现在，运用互联网，用极少的资本也可以开始低风险创业，而且互联网行业作为有发展潜力的职业也正受到社会瞩目。与运营既定事业的一般企业经营者的立场不同，创业公司经营者会自己定义公司的存在意义，这种经营价值就是创业的一大魅力。但是，随着组织规模的扩大，与一般企业经营者一样，创业者也会面临逐渐脱离业务现场，将工作重心转移到管理企业上。总之，对带领团队没有兴趣的人，这并不是适合他们的立足点。

### 专家型职业

所谓专家型职业是指在咨询或基金等专业公司内部的专业部门中的职位，以特定业务、领域的专业性、独立创业为立足点。面向多位客户，从外部提供专业性较强的服务；通过支援各种企业积累经验而获得见识，被客户信赖并体会收获感谢的喜悦，这就是专家型职业的魅力所在。但是，由于客户对成果的要求较高，如果无法实现，就会失去下一次的订单。

### 公司内部专家

公司内部专家的立足点，在于能一边活用既存组织的丰富的经营资源，同时也发挥自己的专业性，从而通过公司给社会带去一些影响。市场营销专家、财务专家、人事专家们以特定业务和领域的专业知识作为武器，活跃于公司之中。这个立足点有一种乐趣：灵活运用公司丰富的资源，向社会带去影响。另外，在能够提供自己喜欢商品或服务的公司（比如苹果、星巴克等）中工作，并从中感到喜悦，我想也有这样的人吧。但是，根据公司战略或经营领导层的方针，自己的业务方向比较容易受到约束。

## 从大方向上迅速、慎重地做决定

到现在为止，我已经谈过从自己的"喜好"出发来确定职业愿景的话题，但实际做起来还是相当困难的。在此，为了更好地思考，再加上 3 条诀窍。

## 在大方向上做决定

我认为，设定的职业愿景哪怕是比较模糊的大方向也没关系，比如你说"我想支持日本制造业"也是可以的。为什么这么说呢？因为即便职业规划设定得非常详细，最后变成无用功也很常见。比如，以什么样的形式支持制造业呢？根据时代不同，支持制造业的做法也会发生改变。谁都无法预测自己想要投身的行业 20 年后的状况。新的技术、服务也会逐渐出现，也许还会出现新型产业呢。

另外，以什么样的形式支持制造业最好？只有愈发接近职业愿景，才能逐渐找出解决这个问题的具体答案。实际在制造业工作，或是进入面向制造业的经营咨询行业等，才能发现该行业的本质问题。

确定大致方向，然后一路向前，这一点很重要。

## 迅速做决定

做决定时，没有必要争一天两天的进度，但是如果在决定自己的职业愿景上花费太多时间，则会有不好的影响，这一点需要注意。不管你有怎样的职业规划，那条道路上一定会有飞快冲出起点的对手。未来的你的对手，在路上扎扎实实地积累工作成绩，确立了地位。如果你比起这些对手们晚好几年起步，也很难成功吧。所以，确实应该先决定好职业愿景，尽早行动为妙。

　　另外，随着年龄增大，能够选择的范围就会不断变窄，因为转换职业是有年龄限制的。如果太迟决定职业愿景，也有可能发生无法选到自己想走的道路的情况。迟迟不行动，虽然一时会让你感觉回避掉了风险，然而随着时间的流逝，其他职业道路的风险也在增大。这一点，请务必常记于心。

### 慎重做决定

　　因为职业规划非常重要，能否当机立断也变成了一项难题。虽然已经决定了自己的职业愿景，但突然去换工作还是会有危险。通过参加学习会、职业研讨会、看书或者借助熟人关系，来验证职业规划是不是真的适合自己，这也很重要。

# 早早乘上"职业上升气流"
## ——思考工作与生活的平衡

### 重视"工作和生活平衡"的人群在增加

一位毕业于东京大学的 25 岁男性在一流的日资公司工作，他曾经来找我们咨询："我想跳槽到基本上没有加班，能够让工作与生活两立的公司。我不喜欢高强度工作，能舒舒服服地一直工作到 65 岁就行了。结婚后，能保持养活老婆和一个孩子的收入水平。这就是我的理想。"

看到这里，一部分年轻时埋头于工作一路走来的 35 岁以上读者想必会吃一惊吧。最近，从 20 多岁的咨询者、学生那里，收到很多这样的咨询内容："想要维持工作与生活的平衡。"要是从前，除了在那些连日彻夜工作的投行等地上班的人，20 多岁的人一般不会过来咨询这样的事情。如今形势突变，希望能维持工作和生活平衡的人明显在增多。

当然，根据不同的身体条件、家庭环境，适合每个人的工作时间和工作方法也千差万别。而且，人生中会发生生孩子、育儿、看护家人等各种事情，因此每个人都有可能直面不得不重视工作和生活的状态。为此，我们公司运营着一个名为"Work Life Balance"的换工作网站，支援因工作或生活上的各类事情而想要取得能够让工作和生活两立的工作方式的人。

但是，如果一个人年纪轻轻，也没有特别重要的理由，就表现出"讨厌长时间工作"，想要选择"想要更注重个人生活"的工作方式的话，那么个人的职业规划也会伴随一定风险。希望大家清楚了解到这一点。


## 比较拼命三郎派与平衡派的职业生涯


年轻时有没有努力工作，究竟会产生什么不同的结果呢？同样 20 多岁，一个是长时间工作，全身心扑在工作上的努力工作派（伊索寓言里的蚂蚁），另一个则是基本不花什么时间在工作上、重视私人生活过日子的平衡派（伊索寓言里的蟋蟀）。通过比较两者的职业生涯，让我们来看一下它们之间的差别。

20多岁时，蚂蚁认真工作，努力提高自身技能。还积极请求参加领导的工作，想要从中学习更多的工作技能。也会利用深夜、休息天加班来弥补平时来不及做完的工作。但是，明明那么拼命，和每天为了下班后的聚会早早回去的蟋蟀相比较，表面上看似没有什么差别。蚂蚁的加班被认为是自愿加班，也不会得到津贴，和蟋蟀的年收入并无二致。

30岁之后，一直埋头于工作的蚂蚁，掌握了许多十分出色的技能。自然地，不仅在公司获得好评，在人才市场上也很受欢迎，收到许多企业以高职位、高收入为条件的橄榄枝。也许他能在35岁以前达到经理层，35岁之后被提拔为领导层候选人。这样一来，年收入也将是20多岁时的三四倍。拼命三郎的蚂蚁，终于开始乘上"职业上升气流"了。

而另一边，蟋蟀的技能水平并没有多大提高。即使到了35岁之后，年收入与20多岁时也几乎没有变化……35岁之后作为领导经营层活跃于职场的蚂蚁，工作量却并没有蟋蟀的三四倍。他们的劳动时间几乎一样。将工作聪明地部署下去，比自己部下的工作时间更短的管理人员并不少见。

累积了无数宝贵经验的蚂蚁现在40多岁了，并且迎来了一个更上一层楼的升职好机会。读者朋友们应该知道，如今在日本年薪超 2000 万日元的职位已不再是新鲜事。蚂蚁已经乘上了处于良性循环的上升气流中。而蟋蟀由于至今为止的业绩不够突出，公司里的评价也不高，每天担惊受怕，害怕哪天被裁员了该怎么办。因为技能和成绩都不足，也没有那么容易能找到下家。可以想见，蚂蚁和蟋蟀之间的差距，已经越来越大了。

50 多岁的蚂蚁，已经实现经济自由，随时都可以退休；而蟋蟀一边害怕被辞退，又不得不工作到 65 岁的法定退休年龄。如此一来，一定是蟋蟀的整体工作时间会更长。如果蟋蟀被公司解雇，想要找到和之前公司相同薪酬的工作就会相当困难。也就是说，就算到 70 多岁，可能他还是必须得拼命工作。这样来看，平衡派的职业生涯，不就是本末倒置了吗？

通过这个故事，我想大家都很清楚了。35 岁以后，蚂蚁和蟋蟀的工作和生活上的水平并没有多大差异。可是蚂蚁获得了高级职位，年薪也翻了好几倍。事实上，出现生活和工作上的差距的时期，仅是 20 多岁～35 岁之间短短十多年的时间。这段期间，是选择埋头努力工作还是尽情玩乐，会给以后的工作和生活带来决定性的差异。年轻时多努力，乘上"职业上升气流"，不仅接下来的日子会轻松很多，像能为社会带来影响力等工作上的充实度，也会有非常大的差别。

## 高管都是在应当努力的时候拼命努力

　　和一些外企高管、创业家实际聊过之后也发现，他们基本上走的都是蚂蚁的工作路线。经历过艰苦工作的人也许比较了解，20 多岁时有过连续 2 天通宵工作的，从 30 岁开始只有 1 天会通宵，35 岁以后如果通宵工作的话第二天完全无法工作，因此也就不会勉强自己……我想有这样感受的人应该有很多吧。在很高职位上的高管们，只在 20 ~ 35 岁之间才会不顾一切拼命工作。说点多余的话，经营状况顺利的公司总经理中，一天只工作五六个小时的人有很多。

　　例如，考大学期间拼命努力过的人，一般都能进入好的大学，之后的人生中也能长时间拥有并享受因此带来的好处。人的一生，在应该拼搏的时候拼搏，这样才会有更多收获。同理，要在年轻时努力工作，让自己一鼓作气乘上"职业上升气流"，这很重要。

　　而且，在现在这个时代，公司雇佣制已经变得不稳定，你必须成为能够在人才市场上获得好评的人才型选手。从这个角度来看，趁年轻埋头工作，好好锻炼技艺，成为公司需要的人才，这是必不可缺的。另外，开头介绍过的 25 岁的男青年，后来理解了这样的职业规划实际情况，如今虽然工作很辛苦，但也正活跃在可以增长实力的职场中。

## 优秀的 20 岁年轻人开始登场

为避免引起误解，我想在这里告诉大家的是：现在 20 岁的年轻人并不是都对工作没有积极性。如今在学生群体中，能够参加公司实习和商务比赛的机会非常多。充分利用这些机会且充满干劲的学生，可以说是有着从前不敢想象的优秀程度。懂得利用成长机会的学生，和放走了好机会的学生之间，产生了巨大的差距，呈现出"两极化"的趋势。处于上层的学生，跨出大学校门与外界交流，互相给予刺激，获得了令人惊讶的能力，也有了更大的动力。

事实上，我们公司也会采用学生实习生，他们吸收知识的速度快得惊人，交代的工作也能完成得很好，也具备能考虑到周围人的沟通能力。恐怕第一次见到他们的人，会以为是 30 多岁的职场人士呢。这一年龄段中，从学生时期开始就创业的人也非常多，也有 20 多岁就成为上市公司总经理的人。像他们那样优秀的二十几岁的人才层出不穷。

　　20 多岁就过于重视工作和生活平衡的读者朋友，建议你们尽早了解上述现状，重新考虑自己的职业生涯。不要只把目光放在眼前的工作和生活的平衡上，而是从整个人生长期的角度出发来考量职业规划。这么一来，相信你对于职业生涯的思考方式也会发生巨大改变。就算是为了大家以后能够获得理想的人生，我也希望你们能做出不让自己后悔的职业规划。

# 规划"回收站"
## ——"不要被年薪所迷惑",说得倒轻松……

### 企业提出的待遇很低怎么办

假设你面前有一个从事理想工作的机会,但企业给出的年薪太低。另一个企业给出的年收入虽然高,却不清楚这份工作是否对自己的将来有好处。我想,一定有不少人遇到过这样的局面。基本上来说,虽然明白工作内容较为重要,但如果自己是当事人的话,还是挺烦恼的吧。

在贸易公司工作的 33 岁的服部先生(化名)也面临着同样的烦恼。服部一直希望先进入咨询公司,将来再换到投资基金公司工作。通过转职活动,顺利拿到了外资战略咨询公司和独立的咨询公司两家企业的入职邀请。能从事自己向往的工作，服部本人也非常高兴。但是，对方给出的年薪条件却令他苦恼不已。

原本在贸易公司工作的服部，年收入超过 1200 万日元。这次发给他入职邀请的外资战略咨询公司给出的年薪为 1000 万日元。虽然在此基础上会加点奖金，但即便如此，还是比现在的工作收入低。换到新的工作，需要学习的东西有很多。如果进入的是外资咨询公司，工作一定会比现在还繁忙，可年薪却降低了。

另一方面，对服部给出高评价的独立咨询公司，提出的年薪为 1300 万日元。虽然获得如此高的评价确实值得高兴，但如果想去投资基金公司，这家公司知名度不够高或许也会变成未来的不利因素。因此，他非常烦恼。


**我**：果然是服部先生啊。顺利就拿到两家公司的入职邀请。恭喜您！

**服部**：谢谢。可他们提出的条件让我很苦恼。

**我**：这确实会很苦恼。像这样的情况，我觉得最重要的是先回想一下自己当初的职业规划。

**服部**：您说得很对。但是也会在意收入啊（笑）。

**我**：我也觉得。关于收入方面，如果从长远的角度来考量，就能预见不少事情。

**服部**：这是什么意思？

**我**：比如，如果你选择外资战略咨询公司，在一段时间里年收入确实会下降，但从长远的角度来看，也许并不是大问题。举个例子，如果进了外资战略咨询公司后，到恢复现在的收入水平大概会需要两三年时间。但是，当 5 年后职位做到经理级别，年薪也有可能达到接近2000 万日元。

**服部**：如果是这样，可能比我一直留在贸易公司还好呢。

**我**：是的。不仅如此，而且在此之后如果再进入原先考虑过的投资基金公司，在获得相同水平年收入的同时，还可能会有职业奖金（成功报酬型奖金）。当然无法预知具体负责的企业会不会成功，也是有人能收到亿日元级的奖金的。

**服部**：会变成这样啊？这么看来，从后期能获得的收入来考虑的话，为了区区一两百万的下降幅度而烦恼真的挺傻。

**我**：实际上，即便不去投资基金公司，走的是正统职业路线之一的外资事业公司，并进入企业经营层的话，收入方面也要比继续现在的工作好多了。而独立的咨询公司给出的年收入虽然高出 300 万日元，但从长远来看，也许并没有多大意义。

这次谈话后，服部轻松了许多，最后决定去那家外资战略咨询公司工作。服部先生在进入外资战略公司后一直到晋升至经理的职位，这段时间也可以说是积累技能和经验的"先行投资"时期。之后就能进入得以获得超高收入的"回收"期，比如变成咨询公司合伙人，或者进入投资基金公司，又或是成为外资企业的经营者，等等。如果能意识到还有可以回收先行投资阶段的时期，再进行职业规划的话，就不会被眼前的年收入所束缚，更容易做出出于本意的决定。

## 慎重探讨整个人生的收入计划

话说回来，我的意思也不是说就算年收入下降也要选择换工作。从长远眼光来看，如果不太看得到收入会提高的前景，希望各位务必慎重决定。

一位超过 35 岁的人原本在咨询公司工作，一直想跳槽至金融行业以外的公司。他的年薪为 1700 万日元，然后收到了某家日系制造业公司的中层管理职位、年薪为 1000 万日元的入职邀请，正考虑接受邀请。"如果换到金融业以外的公司工作，年薪剧减也没办法。"他似乎是被人才中介机构如此说服的。

　　老实说，以我的想法会觉得"太可惜了"。会这么想，不单单是因为他当前的收入会减半，而是由于这家日企是典型的实行年功序列制度的公司，不管你多有能耐，取得多少成果，基本上都看不到快速晋升至高职位、年收入提高的希望。想要回到之前的收入水平，顺利的话也得需要十年以上。而且，一毕业就进来的人占了这家公司人数的一大半，在这样的企业文化中，可以预想到从外面空降过来的员工，想要一展拳脚相当困难。这样的话，就无法运用迄今为止积累的职业经验和实力。连"回收"的前景都没有，我觉得实在太浪费。

　　确实，年收入能达到 1000 万～ 2000 万日元水平的公司高层职位并不是特别多。这和企业内部管理层的职位原本就很少有关。但是，从长远角度来看，也是会出现这样的案例的。这关乎时机问题，关键在于不要着急。

# 通过"公司内部自荐"赢得理想职业
## ——跳出全听公司、全凭运气的怪圈

## 即使认真工作，也未必会有好发展

　　我们的长期客户——战略咨询师前田女士（化名），时隔许久又来到了我们公司。她是一位非常优秀的女性，为了自己负责的项目，总是全力以赴地工作。之前为了客户公司还通宵工作，连周末都要加班，一直连续这样工作了 3 个月。项目一结束，她就病倒了。紧接着，上司又给她安排了下一个项目，又这样持续工作了 3 个月……6 年里，她基本上就是这样过来的。

　　前田女士此次来访倾诉了她的烦恼："已经接手过好多行业、主题的项目，积累了很多行业的相关经验。一路走来，我也拼命努力了。但是，这样一直待在这家公司，真的没关系吗……"

　　作为专业的咨询顾问，为了客户而全力工作，这种做法十分优秀。但从职业规划的角度来考虑，如果自己连想要成为什么样的人的计划都没有，只是一味地埋头积累所谓的经验，最后会得到什么样的结果，就全看运气了。拼命努力走到了现在，等回过神来，发现自己几乎没有获得原先想要掌握的某领域的技能，甚至有可能只是空有一身自己完全不想涉及的领域的专业技能。

　　如果想要实现理想的职业生涯，不要将自己有经验的工作"交给公司安排""全看运气"，而必须要去主动地规划职业。在自己的人生规划中，制定比如"现在，是做这件事的时期"，然后站在"因此，在负责目前的项目的过程中，我应该学会这种技能"的立场来做事。例如，觉得"眼下应该积累新事业开发有关的经验"时，可以通过公司内部自荐，让自己参与到类似项目中。

## 通过"公司内部自荐"，积累工作的经验

　　不过，确实也存在擅长和不擅长"公司内部自荐"的人。但是，明明不擅长，却还是要硬着头皮去做领导交代的

工作，这是一个危险的前兆。我一毕业进入专家集团公司的时候，就被拉入自己肯定不适合做的项目组中，只好一边觉得"真头疼"一边开始做起来。即便如此，我还是想表现下自己，于是在公司举办了个学习会，给公司对外宣传的季刊杂志、报纸投稿来增加曝光度。慢慢地我想做的工作开始朝我走来了。一旦做过自己想做的工作，积累了经验，就会被认为是"有经验"的人，因此也就更容易被分配到下一个项目。这样的话，下次再来个更好的项目，工作就会如此进入良性循环。

　　我想重申的是，作为专业人士，致力于眼前工作这件事情本身是非常好的。并且，大多数时候一个人是无法完全按照自己的心意来选择自己想做的工作的。重要的是，平常要有意识地注意在现阶段是否朝着将来自己想要前进的方向去积累经验。如果已经偏离了方向，就要想办法"调整轨道"。不要盲目地相信"领导、公司交代的工作如果能好好认真做的话，总有好事发生"，这一点很重要。

# 把"行情"变为朋友
## ——一些不为人所知的决定性因素

### 人才市场行情，也能决定是否合格

想要成功换工作，什么是最重要的要素呢？

"实力""工作实绩""学历""所在公司的知名度""年龄""选拔对策""招聘信息"……大家会考虑到这些方面的情况吧。确实，上述要素无论哪样都很重要，但不仅限于这些。但是，和个人努力无关，却对换工作有利的决定性要素，竟然在其他方面。

可能大家不太了解，人才市场的"行情"对能否顺利换工作有着非常巨大的影响。当市场上录用行情高涨时，更容易被知名公司录取，不仅如此，也更容易得到高收入、高职位。相反，如果录用行情低迷，不仅不容易被录取，也比较难拿到好的收入和职位。也就是说，与应聘者自身的"实力"和"努力"没有任何关系。

由于人才市场的行情对于是否顺利换工作有非常大的影响，所以是否知道这一事实，并在此基础上去规划职业生涯，会大大改变今后的职业发展。事实上，咨询公司、投行等热门企业也是如此，不同时期，进公司的难易度也有很大不同。说得极端一些，在同一名候选人身上，有可能发生"今年应征失败，来年再战就合格了"的情况。

让我们稍微具体地看一下。

雷曼事件之后的 2008 年后半期到 2009 年这段期间，投行、咨询公司也进行了大规模裁员，可以说是人才市场行情极其恶劣的时期。本来企业录用意愿低的时候，人才市场上许多投行、咨询公司出身的人就会蠢蠢欲动，准备开始换工作——他们并不是因为业务水平低被公司裁员，而是卷入了部门关闭、事业停止等紧急事态。他们原本都是非常优秀的人才，在这样的情况下，被迫换工作，也挺倒霉的。在这时候想要碰到与自己原有实力相应的机会就非常困难了。如果不是必须要换工作的人，建议不要选在这种人才市场行情较差的当口行动。如果勉强自己而"落了榜"，就会在其他公司留下落选的记录，下次再想应聘有可能就很难了，请务必注意。

　　然而，2012 年以后，人才市场的"行情"则进入到景气的时期。

　　这种时候换工作，在规划职业发展上来说算是明显有利的。实际上，咨询公司、互联网成长型企业、知名外资事业公司、投资基金等热门企业，都开始大规模招人了，包括录用无相关工作经验者。这一期间，即使没有相关经验的很多人也能成功跳槽到前述公司。而有经验的人由于有即战力，在同行业转职的话，年收入飞涨至两倍以上也并不稀奇。还有一个比较大的好处，就是如果曾经在好的公司、好的职位上工作过，下一步也比较容易得到好的机会。能把"行情"变为朋友，对个人的职业规划非常有利。

　　只是这样比较大家就能明白，在人才市场行情好的时候换工作最为理想。建议大家趁这个时机换工作，还有另外一个理由——兼顾到年龄。比如说，自己判断"现在公司发放的奖金待遇挺不错的，两年后再跳槽吧"。然而，如果两年后行情恶化，可能好几年都持续处在想换工作都换不了的状态。如此一来，当行情好转的时候，又有可能会因年龄的限制使换工作变得困难。大家要知道，人才市场的情况也在不停地变化，预测未来市场动向是件非常困难的事情。特别是想要将职业方向转到陌生领域的人，重要的是不错过任何行情良好的时机，积极开展换工作的行动。


## 铁则：行情好再行动，行情差不要动


由上述来看，我希望大家最好在人才市场行情好的时候再考虑换工作。反过来，人才市场行情差的时候，留在现在公司比较好的例子也有很多。在雷曼事件发生后不久，我也会给前来咨询的客户建议："现在最好先留在现在的公司不要动。"

所谓换工作的时机，是很难说的。但是，为了能够换到好工作，"什么时候开始换工作"也是极重要的课题。特别是换工作，与无法选择入职时期的应届生招聘不同，已经工作的人可以自己决定什么时候找工作。

可以说，这就是一个巨大的差距。想要在人才市场景气时换工作，有个要点：定期与信赖的职业咨询师交流，不错过任何好时机。模糊地考虑"什么时候换工作"的人，也要了解到这样一个事实：人才市场行情的好坏与能否顺利换工作有直接关系。这样的人在了解这一点的基础上，可以试着重新审视自己的职业道路。

# 提高"跳槽能力"
## ——明明有实力，
## 却总在书面遴选环节落选的原因

## 没有"跳槽能力"是一大损失

来我们公司咨询的客户中，也有许多人是先去其他人才中介公司或者尝试自己换工作，结果都不太顺利，感到发愁了再来我们这里的。这一两年中，这样的咨询案例正在不断增加。

前些天来咨询的35岁左右的武田先生（化名）就是一个典型例子。听说他经由其他人才介绍公司应聘了5家公司，全都在书面选拔阶段被拒之门外。

我在询问了他的毕业大学以及在所在企业的工作成绩后，发现其实是非常优秀的人，不禁产生疑问："为什么这么厉害的人会在书面遴选上落选？"武田先生的那些工作经历也都符合应聘企业要求，照理应该没问题才是。当然，确实书面选拔也存在一定的运气成分。但是，所有应聘企业都没有通过书面遴选，实在让人费解。因此我问他，"您应聘时交了什么样的材料呢？"在看了武田先生的那些资料后，我吓了一大跳。他提交的竟然是类似记笔记样式的简历。

事实上，这样的例子并不少见。特别是像武田先生这样优秀的群体中，有人会觉得"反正我有实力，当然能被想去的公司录用"，然后放松了警惕去应聘。

但是，在实际换工作中，有一种叫做"跳槽能力"的基础技能，大家必须要事先掌握这种技能。如果不知道这一点，即便有再强大的实力，有再厉害的工作经历，也会发生"落榜"的情况。例如，在前面提到的书面遴选环节，也应该掌握相应的技巧。不预先了解书面遴选、笔试、面试等阶段应具备的正确的"跳槽能力"，没有扎实地准备好对策的话，那么徒有一身好本领，都可能连让别人了解的机会都得不到，从而落得不合格的结局。

也许有人会觉得："要这种小聪明才能进的公司，去不了也没关系。"可是，如果你不掌握这个重点的话，基本上应聘知名的企业必然会失败，这就是真实的情况。反过来讲，努力不加重对方的负担，而是以一种更易令人理解、不会引起误解的方式传达自己的魅力和实力，这样的人才是知名企业需要的人才。

## 认真做好换工作时需要的事

因此，来过我们公司咨询的人，大部分都会重写简历、工作经历，重新提炼换工作的动机，也重新组织应聘理由。经由其他人才中介公司没有换到理想工作的人，我们会和应聘者一同制作更清楚易懂的书面材料，通过我们公司再次应聘而拿到入职邀请的例子有不少。让人吃惊的是，这些应聘者的实力、经历并没有发生任何改变。这恰恰证明了，确实是存在转职活动技巧的。是否具备这些技巧，会给人生带来巨大影响。

我们还会做这样的练习：在面试时如何说话。我们教的东西，并不是要让当事人宣扬超过自身水平的魅力（笑）。简单地说，我们只是确保"让应聘者能够更加清晰地说明自身的经历和条件"。然而只要实际做一下面试练习，就会发现要答好面试中的问题相当难。如今，我已经支援了超过1000位优秀的客户换工作，其中觉得"我很完美，没必要练习面试"的人估计只有1%。请务必留意。

而且，最近我们公司以热门企业为主开展了更多的案例面试。所谓案例面试，就是预设特定的商务情境与面试官进行讨论的特殊面试形式。在进行案例面试的时候，尤其需要做周到的准备。

在换工作的过程中，应该做好理所当然的事。做和没做，会对结果产生决定性的差异。而且，这种准备不像参加大型资格考试那样，会花费大量的时间和劳力。我们常半开玩笑地叫它"时薪最高的学习"。

# 找到"强大的应聘途径"
## ——只有人才中介才知道的"惊人差距"

## 应聘途径不同，结果也会不同

在转职活动中，参加企业应聘的选拔考试时，提问选项中会有各种应聘途径。

从企业录用网页直接申请的应聘、经由人才中介公司职业咨询师推荐的应聘、通过在企业工作的朋友参加的招聘，等等。当然，无论选择哪种途径都是应聘者的自由。但是许多人也许并不知道一个事实，那就是，途径不同，结果也会不一样。

我自己在从事职业咨询师的工作之前，完全不知道应聘途径不一样，结果也会不同。应聘者的实力旗鼓相当，而只要在应聘途径上下工夫，就会改变结果……可以说，这真正是高性价比、知道就是赚到的一个"跳槽能力"。

　　首先，我们来看一下通过自主招聘应聘的情况。与利用
这一方式应聘的人聊过之后，发现其中也有人有这种看法：
"如果是通过人才中介公司，要是被录取了，企业必须给中
介支付相应的报酬。而不用支出这部分成本的话，企业应该
更高兴吧。"也就是说，被企业直接录取的话，企业就不会
有发生支付给中介公司的费用，因此应聘者推测还是通过企
业的自主招聘更有可能拿到入职邀请。确实，许多人才中介
公司以"成功结算报酬"的方式开展介绍候选人的业务，因
此也有企业会做出如此判断。而这段时间，根据应聘企业的
状况不同，就会开始出现差异了。通常来说，在招聘员工上
无法负担超过一定标准成本的企业，原本就不会利用人才中
介公司，他们基本上只发布招聘广告。在应聘这样的公司
时，采取自主应聘的方式乃上上策。

　　与之相比，活用人才中介公司的企业，有一套可以快速
回收用人成本的完备机制：如果能获得优秀人才，则会根据
这位员工的表现向人才中介公司支付报酬。来看一下具体例
子：咨询公司在录用人才的时候，向中介公司支付的费用为
300 万日元（该职位年收入 1000 万日元 ×30%）。即便如此，
年收入 1000 万日元的咨询师，在公司仅效力 1 年，咨询公司

获得的利润就已经能达到几千万日元，因此区区 300 万日元的成本，立马就能回收。也许一般个人会觉得给人才中介公司的费用过高了，但是优质企业不会在意这些成本。倒不如说，像咨询公司这样优良的企业，前来应聘的人实在太多，接待面试都忙不过来。所以才会委托人才中介公司筛选和审查应聘者，只面试优秀的人才。

正是由于这样的机制，大家在应聘利用人才中介公司的优质企业时，可以从职业规划专家那里获得建议，同时也能找到适合自己的企业，然后做出相应的选拔对策提高合格率，给应征企业留下好印象。通过拥有各种优势的人才中介公司应聘的人越来越多。一般来说人才中介还有一个比较大的优势，就是咨询者可以免费得到专业的帮助。


## 选择能够赢取内定名额的途径

下面，我们来看一下通过人才中介公司职业咨询师应聘的情况吧。并不是说随便去哪家人才中介公司都一样。关于书面材料、笔试、面试等选拔项目，中介公司是否能帮助提供全面的对策，也是一个比较大的考量点。但除此以外，还有几个会产生差别的理由。

其一，人才中介公司与企业之间建立的信任程度不同。例如，即使应聘者的个人职业经历稍弱，如果由一名被企业方信赖的职业咨询师这样介绍："这位候选人与平时介绍给贵公司的人才相比，可能工作经历上有些许不同，但他本人非常有魅力，所以才想介绍过来。"于是，企业方也许就会考虑："如果是一直给我们介绍优秀人才的○○先生的推荐，一定是个不错的人选。"只要有机会去面试，再认真思索对策，就有非常大的机会拿到入职邀请。

还有一个理由就是职业咨询师"说明能力"的差异。职业咨询师能否在了解企业的事业战略的基础上，解释候选人能提供的价值，被选中的可能性也会有所不同。

比如，即便是通常情况下会因为年龄问题在书面选拔阶段落选的人，如果职业咨询师能够向公司解释："这位候选人的年纪虽然大了些，但在这个行业里拥有较强的人脉关系，可以帮助扩展公司事业。我知道贵公司想要强化这一领域的业务，所以才特意介绍过来的。"这样一来，企业也许就会表示："那我们一定得见一见这位候选人。"

作为职业咨询师，不能只是询问企业方的人才需求，当一只信鸽而已，而是应该通过理解企业战略，挖掘出企业的潜在需求来做提案，这才是一名优秀的职业咨询师。

经由什么样的人才中介公司找工作，是非常重要的一个要素。如果不实际参与到就职活动，可能无法明白其中优劣，所以找到好的人才中介是很难的。这一点，也可以说是通过人才中介公司换工作时最大的问题。这里提一个稍稍有些麻烦的途径：可以利用人才中介、猎头行业杂志上的信息，首先大范围地和不同人才中介公司的咨询师见面。建议大家确认一下自己的职业规划能力和储备知识，不急不躁地寻找合适的咨询师。

最后，让在想去的公司工作的熟人介绍，又会是怎样一种情况呢？好的一面，就是有了朋友的支援比较容易得到入职邀请。这是很难得的，在换工作上对你非常有利。但不好的一面就是，如果在选拔阶段进展顺利，之后想要辞职就会变得很困难。好不容易有熟人帮了你，就会觉得辞职等于是给熟人添加困扰。而且，如果这位朋友在公司里评价也并不是特别高的话，即便之后你进了公司，大家也会讨论"是那家伙介绍进来的吧？"从而预先会被加上不好的印象。这一点也有必要注意。事先了解应征企业的内部情况的话，拿到入职邀请也不太会主动辞职，而如果也能充分了解推荐人在公司里的评价的话，这个方法就更有希望成功了。

# 第 5 章

# 专业人士整理的职业规划术

# 用"Hub Career(枢纽职业)"
## 跨越行业、职业类别
### ——职业规划的"魔术"

## 解决职业转换的矛盾

大家在规划职业的过程中，也许会遇到一个较大的障碍，那就是容易陷入这样一种窘境：没有与想从事的职业相匹配的工作经验。

一般来说，下一份工作很大程度上会受到之前工作经验的束缚。录用会计职位需要有会计工作经验的人，录用人事职位需要有人事工作经验的人。像这样，通常情况下企业会想录用有相关工作经验的人。如此一来，就产生了这样一种"矛盾"：想要向自己想做的工作转换职业轨道，必须拥有相关的工作经验。鉴于这一现状，如果只会运用普通的转职技巧，要大幅度转换职业就会非常困难。

解决这个矛盾最有效的，是活用"Hub Career"。所谓 Hub Career（枢纽职业），是指可以自由地转换到任何行业、职业的一种工作。

以作为全世界航班出发、到达据点的枢纽机场作比喻，我自创了"Hub Career"的说法。

枢纽职业的代表例子就是战略咨询师。即使没有咨询行业的工作经验，也有可能作为无相关经验者进入公司，并且下一次换工作时也能有更多选择。战略咨询师这份职业，可以通过各种项目来解决经营问题，从而掌握极高的专业能力。因此，在外资战略咨询公司和综合咨询公司工作过、有战略咨询师经验的人，在其他行业中非常受欢迎。不仅是大型事业公司、成长型企业、投行、基金公司等，他们还有机会投身到各行各业中去。

除了职业咨询师之外，枢纽职业还有许多种，随着时代变迁也会发生变化，因此我无法给出固定的解释。比如，今后与互联网商务相关的职业，可能就会成为枢纽职业而备受关注。在所有企业都不得不以某种形式将互联网作为开展商务的平台的时代，就必须要录用具有互联网商务事业推进相关经验的人，这样的需求呈明显增长的趋势。

## 活用枢纽职业，大幅度转换职业

如果将这样的枢纽职业好好地融入职业规划中，就可以大幅度地转换职业。

例如，"证券公司系统工程师"→"战略咨询师"→"消耗品生产商的经营企划骨干"，这样的转业通路也不少见。将枢纽职业编入其中，顺利转换工作的行业、职种。而且通过这样的转变，在学习新的工作内容的同时，收入也会不断提高，简直像是变魔术一般神奇。

是否理解这种技巧，关乎是否能够大幅扩展职业规划的格局，自己的人生也会随之增加更多的选择。我之所以会向许多人建议选择咨询行业的工作，并不是基于"提高收入"这种未经深思的想法，而是因为这是一个非常宝贵的职业——战略咨询师可以不被过去的工作背景所束缚，跨越各种行业壁垒，从而达成以运行管理职位为主的目标。事实上，我曾帮助过的跳槽到咨询公司的许多咨询者，如今都在希望从事的行业中担任经营骨干或总经理。

当然，想要从事以战略咨询师为首的枢纽职业，也有必需条件，毕竟这不是谁都可以做到的。而且，枢纽职业也并不是万能的。

即使有过战略咨询师的经验，要想从事法务、系统工程师这类工作也还是很困难的。枢纽职业主要是对想要转向经营骨干、企划、新事业责任者、品牌经理等管理职位比较有效。

要注意如何在实际行动中灵活运用枢纽职业，对于大部分读者来说，我觉得这是个非常实用的职业选择。

# 扎实、安全地"创业"
## ——通过创业公司、NPO 改变社会

## 通过创业，给社会带来影响

创业的乐趣并不是单纯地获得高收入，或者自由做决定这么简单。它最大的魅力，在于能使事业发展壮大，实现自身愿景，从而为社会带来影响。本节中涉及的面向创业的职业规划，并不仅仅是创立"创业公司"，还能运用于社会创业①、设立 NPO 组织等方式创业。

最近流行一种十分危险的看法："如果没能从事想做的工作，干脆先自己创业好了。总而言之，就是做或不做的问

————————

① 指组织或个人（团队）在社会使命的驱动下，借助市场力量解决社会问题或满足某种社会需求，追求社会价值和经济价值的双重价值目标。一译者注

题。"如果被这样的话冲昏头脑去创业，风险会很高。毕竟，没有相关的知识与技能就去创业，能顺利做下去的人极少。

另一方面，在创业环境完善的当今时代，完全可以通过有计划地累积职业经验，控制好风险再创业。现在的创业不再只是一种"总有一天要挑战一下"的憧憬，而是一种非常现实的职业选择。想要在社会上有所成的人，希望你们务必好好讨论并研究。我想各位读者朋友中也有不少人对这方面感兴趣，接下来，我想详细地说明。

## 创业已然成为一种符合实际情况的职业选择

首先，创业成为职业选择的大背景之一是互联网环境的发展。与以往在制造业大环境下进行创业的情况不同，互联网商务一个比较大的特点就是前期需要投入的资金非常少。尽管如此，却可以展开跨国境业务，短时间将业务范围覆盖到全世界。另外还有一个特点：灵活性。创业者可以通过反复试错，修正事业的发展方向。通过这两点，创业者能够将风险控制在最小范围，开创一份能为社会带来影响的事业。而且，即便开展事业的行业并非互联网商务，在市场营销、录用员工方面，通过互联网途径也可以降低成本，这对于创业者也是不可或缺的。

而使创业门槛变低的另一个背景是，现在有许多地方可以让年轻人学到作为一个经营者所必需的知识和技能。若在以前，无论你有多优秀，以20多岁的年纪在公司里都基本上不会有参与制定经营战略的机会。就算是名牌大学出身，也需要从销售职位开始起步。通过积累10年甚至15年的工作成绩，才慢慢有可能开始积累管理层面的经验……有时，到了四五十岁，才会真正开始参与公司的战略策划。相比之下，如今以咨询公司、风险投资为主的专业性企业中，员工在25岁之前就可以开始磨练经营相关的知识与技能。在一些成长型企业，甚至20多岁就有机会成为经营骨干。

由于大环境发生了巨变，原本来说运气成分较大的"创业"，现在变成了可以通过扎实、有计划的积累经验即可实现的职业选择。当然，在没有充分技术与经验的状态下创业，依然还是有比较大的风险。想要做一番事业的开创者，应该有意识地累积必备的技能和经验，再去实施行动，这是很重要的。

具体来说，创业者所必备的代表性条件有：战略、市场营销相关的技能，领导能力，管理经验，开发新业务的经验，创业领域中的人际关系，客户，资金，等等。

当然，领域不同，创业者需要具备的条件也不同，也不用等每一项都准备好了再行动。只是，是否能有意识地提前做好准备，对于能否成功创业肯定会有很大影响。

## 积累足够的战略咨询经验再创业

那么，通往创业的具体的职业发展路径都有哪些呢？

第一，可以通过以下 3 步，灵活运用战略咨询经验的职业规划道路。

① 进入咨询公司或专家集团公司，积累公司战略策划、市场营销、新事业战略等相关工作经验。

② 进入与想创业的领域较近的行业，掌握行业知识、技能。

③ 开启针对解决该行业问题的事业。

从以上内容来看，比起在 IT、组织人事方面的咨询公司工作，拥有包括战略策划在内的更广泛项目的经验，可以说最为理想。

由于战略咨询师拥有帮助各行各业解决经营问题的经验，因此这个职业能获得许多创业者所需的技能、经验的机会。这也是为什么曾在麦肯锡、埃森哲等咨询公司做过战略咨询工作的人，后来有许多都成为活跃的创业者的原因。

　　还有一点需要告诉大家：不要在做过战略咨询师后马上创业，这在提高创业的成功率上也是一个关键点。有些创业者认为："在战略咨询公司工作的经历，对创业没什么帮助。"我觉得这样解释更加妥当：战略咨询经验能够助力的部分，其实比想象的要少。在不断推进事业的进程中，拥有所在行业的知识、技能、人际关系相当重要。如有行业内的工作经验，当然就会知道相关的法律知识，并对易出现的问题知道如何防患于未然。如果不清楚这些就贸然开始创业，失败的可能性很高。打个比方，就像在驾校里没怎么练习过，就直接在公路上练车一样。创业并不是练习经营的地方，而是实践场地。创业，原本就是不断经历未知的过程。请大家尽量多多练习，再开上公路吧。

　　另外还有一点，战略咨询出身的创业者应当注意：经营大公司与创业经营的不同。战略咨询公司的大部分客户，一般都是大公司。而大部分的创业公司，都是由几个人开始起步的小企业。"思考全球化业务的大型钢铁公司的整体战略"和"仅利用互联网、PC、电话渠道，达到几千万、几亿日元的盈利"，即使都是"经营"，所涉及的技能组合却不一样。从0到1，与从100到1000的经营方式，需要的技能肯定有所不同。这也是为什么战略咨询出身的创业者认为"咨询工作经历没有用"的一个理由吧。


## 积累风投经验再创业


弥补这一缺陷的一个方法就是风险投资（又称创业投资）。所谓风投，就是以刚起步或销售额在几十亿日元左右的企业为对象，投入资金来支持其经营活动。小企业在发展过程中会直面怎样的困难，又该如何解决？预算太少，无法和大型广告代理公司接洽合作，该怎么进行市场营销？没什么人愿意应聘、默默无名的企业，如何才能录用到优秀人才……像这些创业者会面对的问题，在风投公司，每天都能积累相关的经验。

另外，有许多寻求投资的企业会带着商业计划去风投公司。从投资方的角度来说，他们会甄别出有前途的企业的企划案并出资。而且在审查投资对象的过程中，可以接触到更多、更新的商业计划。通过不断重复这一系列的业务操作，逐渐了解到创立哪种事业今后发展会比较顺利，哪种事业会比较危险。在考虑自己的事业计划时，这会成为一个相当大的优势。

我想，像这样进行梳理一番后，想要创业的人应该就能明白，去咨询公司、风投公司等专业性较强的企业工作是对创业非常有益的。除此以外，比如活用互联网企业的工作方法等，对于创业来说都很有利。准备创业的人，请一定要掌握对创业有用的技能和经验，认真做职业规划。另外，因为在现阶段所属公司里，你才能向着自己的梦想积累起有用的经验，希望各位要作出一番贡献后，再从企业"毕业"。

## 在专业服务领域创业

现在聊一聊在另一种专业服务领域创业的职业生涯吧。举例来说，比如曾经在大型法律事务所工作过的律师，独立出来开设自己的法律事务所；认证会计师开设会计事务所、税务师事务所等。最近，从大型咨询公司出来自立门户的咨询师也越来越多了。谈起"创业（独立）"，也许很多人都会想到这些模式。

走这样的职业道路有一个重要要素，就是具备作为该领域专业人士的技能和销售能力。没什么本事的律师、咨询师所创立的公司，是不会有企业来下单的，这是当然。独立出来之后，再也没有充当"师傅"角色的领导给自己撑腰，需要自己本身就有一流的技艺。而且即便再有本事，如果拿不到订单就无法运营公司，因此创业者的销售能力必不可缺。即使自己没有这方面的能力，也可以考虑雇佣销售人员，当然其中也潜伏着一定的危险。如果在经营活动上太依赖销售人员，有可能会被顶级销售员夺取经营主导权，甚至有可能上演被赶出公司的权力游戏。在建立新事业的时候要记住，要充分考量经营层权力的平衡，这一点非常重要。如果创业者无法确保自己有无可取代的地位，等到经营层的意见有分歧时，就有可能陷入无法收拾的事态，甚至会导致事业崩垮。因此，创业者自身很有必要掌握扎实的销售能力。

在有专业性的服务行业中创业，这样的职业道路也可以说是曾经在这样的公司中工作过的人才有的特权吧。我经常会收到这样的咨询：已经在咨询公司、会计事务所中升任到了合伙人或者经理级别的人，想要获得事业公司的管理职位。我倒是希望这样的客户，不妨考虑一下上述职业道路的可能性。如果您有 IT 咨询方面的项目管理、销售经验，可以作为 IT 咨询师创业；如果有 M&A 咨询方面的管理、销售经验，可以作为 M&A 咨询师创业。我想告诉大家的是，只要能活用自身经验，创业也很有可能会实现。

## 踏实地跳槽到策划型商业领域

另外，还有一种实践方法：先从专业服务领域开始创业，积累一般工薪阶层不可能赚到的启动资金，然后再进入策划型商业领域。策划型商业是否能创业成功是说不准的，而如果先进行专业服务方面的创业，就可以减少风险。事实上，如今在互联网行业大展拳脚的知名经营者中，也有从M&A顾问、互联网相关咨询师等专业服务公司开始创业起步的人。

## 公司将成为有利于社会的平台

创业有一种乐趣，那就是可以自己做经营决策。站在能够领导全盘事业的立场，这样的工作意义非常大。随着事业不断发展，在善用社会资源的同时，还能带来一些社会影响。对于想在社会上做出一定成果的人来说，自己所任职的公司本身就是实现志向的宝贵平台。"想为社会做些什么""想让日本乃至全世界都变得更好"对于有如此热情的人来说，现在已经迎来了一个非常有意思的时代。

# 海外工作经验

**有海外工作经历？那么你会超级受欢迎**

现在，企业对于能在海外开展业务的人才的需求度尤为高涨。实际上每天也有很多企业来我们公司提到想要录用这类人才。

例如，有时会收到这样的咨询：开展全球化业务的大型公司，想要尽快录用到能够派驻至世界各地的当地法人、总经理、副总经理等管理职位，能够进行海外事业战略策划的经营企划人员，等等。

另外，不光是大企业，如今这个时代，连中小企业也都在考虑进入海外市场。互联网类的成长型企业也在以惊人的速度展开海外业务。因此，他们都在寻找能够领军海外事业的人才。

如今，日本的创业公司同硅谷的创业公司一样，许多公司从设立之初就计划将事业扩展到海外。以身边的例子来说，我们公司投资的创业公司，也是在刚开始创办的时候，就制定了这样的计划。实际上，在成立后第二年就将事业推展至海外，第四年则把总公司移到了海外。

而一些咨询公司也从日本的大企业那里，不断接到许多与海外事业相关的项目方案。咨询专家为客户公司提出海外发展事业的方法，例如将已在日本展开的服务商品继续延展至海外，或者收购当地企业直接进入海外市场等。另外，最近似乎也多了不少这样的咨询：海外子公司的状况不佳，想要全力提高营业额，要是看情况还不行就直接撤离。像这种咨询主题，在战略型、专家集团、IT 型、财务型、组织人事型咨询公司中最为热门。因此，咨询公司的人员录用也是如此，有海外工作经历的人越来越抢手。

处于各种立场的企业都在寻求具有海外工作经验的人。而且这种趋势，在今后的 10 年、20 年会不断加速。与高涨的需求相比，有商务英语的能力、在海外有过工作经历的人才的数量严重不足。所以，有海外商务经历的人在人才市场上非常抢手，企业提出的待遇条件也是相当优厚。

## 找到能够积累海外工作经验的环境

具体来讲，企业到底需要什么样的人才呢？如果应聘的是已经进驻到海外开展业务的或是重建的海外子公司的管理层职位，那么企业希望招到的是有当地工作经验的人。虽然海外市场有很多地域，但还是发展中地域的需求最高。现在，企业对有东南亚国家工作经验者的需求极其高涨，也有企业需要在南美、非洲工作过的人。因为一般的工作人员都是直接在当地录用，所以有不少公司招募的都是当地法人、总经理、副总经理这样极具吸引力的职位。另一方面，如果企业对于应该进驻哪个地方仍处于讨论阶段的话，那么比起是某个特定地区的专家，企业更需要的人才是在咨询公司做过一定规模的关于海外市场调查和企划拟定的人，他们更受欢迎。

只要有过一次在海外工作的经验，就很容易得到继续在海外工作的机会。因此，这样的人在人才市场上也会获得较高评价。这是一份非常有魅力的职业，希望有兴趣的人要掌握高超的外语能力，多多积累在海外工作的经验。

有一点需要大家注意。可能有些人觉得"海外工作经验 = 在外资公司工作过"。

一般外资企业的日本人法人，虽然有机会使用英语与外籍领导一同工作，但是很多情况下，商业客户对象基本上都在国内市场。和国外的上司只是开电话会议的程度，就算去国外出差也只是参加培训，到头来所谓的商务经历依然仅限于日本国内而已。如果已经掌握了较好的商务英语能力，作为日本企业的海外事业负责人员开展工作，也是很好的工作经历。

# 互联网类职业的 7 个魅力
## ——受瞩目的次世代 "Hub Career"

## 互联网类职业正备受关注

毕业于名牌大学，作为次世代商业领袖在社会上活跃的二三十岁的各位年轻人，围绕在你们周围的职场录用环境，以雷曼事件为分水岭已经发生了巨大变化。

在雷曼事件之前，咨询公司、基金公司、投资银行、外资企业等都在积极地录用次世代的领袖型人才。由于工作内容和下一份潜在职业的吸引力，公司方给出的薪资待遇也非常高，那时真的是很热门。但是，跳槽到当时工资水平还比较低的、互联网成长型企业的次世代领袖人才仍属少数。

但是，雷曼事件过后，许多外资投资银行、外资咨询公司开始了比如关闭一整个部门这样的大规模裁员行动。所有行业的人事招聘都停止了，优秀人才一下子流入人才市场。可以说，这真的是在人才市场上百年难遇一次的巨大冲击。而在这样的形势下，仍在积极招聘员工的，正是那些互联网成长型企业。虽然大环境不景气，但公司业绩一路上升。他们把雷曼事件后的人才市场看作一个好机会，主动录用优秀人才并获得了成功。

此后的互联网商务环境也越来越壮大，跳槽至互联网企业工作的次世代领袖们也急剧增加。而这股势头似乎并未停止过，如今，转职到互联网企业是一项十分有前景的职业选择。

也许有人会说"总感觉互联网只是一时的流行，并不太想去啊……"然而，从职业规划的角度分析，在互联网公司从事经营企划、市场营销、服务开发、企业并购（M&A）等事业推进相关的工作还是颇具吸引力的。另外，关于这些职位，虽然身在互联网行业，但也不会强制要求应聘者掌握类似SE（系统工程）的网页制作、系统开发方面的知识，大可放心。

## 活用充满魅力的互联网类职业

那么，互联网类职业，到底有怎样吸引人的地方呢？

第一，随着互联网行业的发展，自然可以预想到互联网类职业对于行业内的人士是有好处的。这个行业，今后可能还会更加蓬勃地成长，行业内跳槽的机会也会增加。而且由于行业本身的发展，不仅会提高收入，也会增加晋升的机会。

第二，转行至互联网行业以外领域的机会也很丰富。现在，无论在哪种行业都要学会应对数字营销。而且，如果要建立新事业，有很高的概率会探讨互联网商务的可能性。但是，在一般企业中，基本上不会有互联网商务的经验者，所以就不得不从互联网行业直接挖来有即战力的人。这样一来，有互联网商务工作经验的人即使离开这一行，仍然有很多选择项，更有优渥的待遇。另一方面，如果应聘者想要进入互联网行业，即使没有互联网商务的工作经验，依然会被录取，这样的情况也很常见。这个行业真正是备受瞩目的"Hub Career"（枢纽职业）。

第三，有了互联网商务的工作经验，在创业时也能发挥很大作用。互联网商务与制造业为主的其他行业相比，作为前期投资的必需资金非常少。这是它一个非常大的特点。

虽然前期投资少，但短期内还是可以广泛地在全世界范围展开业务，并且互联网商务也具有灵活性，通过试错相对比较容易调整事业方向。而且，即便创业涉及的行业并非互联网相关行业，以少量的投资进行有效果的市场营销活动时，也可以充分活用到互联网的市场营销知识。

第四，近年来有许多互联网成长型企业，在开始创业时就将全球化战略加入计划中。海外工作机会多也是它的一个魅力点。海外工作经验在现在的人才市场上非常受欢迎。

第五，互联网商务还有一个较大的吸引力：年轻的经营人才容易获得较大的机会。在历史相对较长的行业，已经有几十年资历的老员工基于自己过去的经验一味强调自己的意见，而轻视年轻人的想法（即便是正确的），这样的事情屡见不鲜。但是，在互联网商务行业，实时获取大量数据并做出分析，可以更有效率地计划事业版图。由于这是以数据分析为基础的事业运营模式，所以不会出现因为资历浅而被否决意见的情况。因此，对于擅长数据分析的年轻经营者来说，这是一片更容易发挥实力的环境。

第六，只要有实力，再年轻都能收获高职位、高收入。由于在互联网行业，年轻的经营者非常多，只要自身有实力，年轻人也能被企业录用为管理人才。

与其他行业相比，这个行业对于提拔年轻人基本上不会有什么觉得不妥的。倒不如说，还特别喜欢录用年轻人。如果是上了市的、资金充足的公司，会以通常的年收入方式发放报酬；如果是上市前的公司，则会以分红的方式支付高额报酬。这就不单单是获得高职位、高收入了。由于企业环境非常成熟，这一行集聚着优秀人才，与这些人一同工作这件事本身就有很大的吸引力。

第七，能从事一份可以解决社会问题的、有魅力的事业。我想，谈到网络，有些人会直观地想到游戏、娱乐公司。但是总体来说，互联网公司的行业形态也是各种各样的。其中也有致力于医疗行业的改革、解决人口高龄化等现存的社会性问题的商务公司。而且，如今已完全融入到日常生活的大型电子商务公司，也对社会有非常大的影响。待在家里 24 小时都能买到各种商品，这不仅对于消费者来说非常方便，对于销售商品的企业来讲，这样的模式已经成为现如今必不可缺的便利渠道。就像运营比价网站、使用者点评的美食评论网站公司一样，许多企业不仅支持消费者的行动，同时提供其生活中不可缺少的信息服务。即便从解决社会问题、现存行业问题方面来说，互联网商务也是非常有效的。对社会贡献型事业、NPO 有兴趣的话，希望一定要关注一下这个行业。

# 自主经营者的好帮手
## ——有可能成为大型企业的高管层

### 自主经营型企业需求经营人才的理由

在自主经营型企业中工作，是怎样一个状态呢？

"创业的总经理虽然优秀，就是太独断。"

"大多是中坚、中小型企业，薪水太低。"

"被总经理讨厌的话就完了。"

"与总经理同甘共苦一路过来的公司老员工被重用了，还登上了管理层职位。"

原来如此……大家似乎对自主经营型企业都是持比较负面的想法啊。但抓住时机，也很有可能在这类企业中得到一个非常不错的职位。

现在，许多自主经营型企业由于创业者年龄越来越大，面临着后继无人的课题。

即使自家年轻的第二代经营者进入到资深员工的队伍中，要领导所有员工也是十分困难的。第二代想要组建自己的经营团队，就急需能成为自己好帮手的同年代的经营人才。具体来说，他们想录用曾在事业公司开发过新事业的、有海外工作经验的、负责过事业管理工作的以及曾在咨询公司工作的人，等等。今后，精通互联网商务的人才也会越来越受关注。

## 对于经营人才来说，有吸引力的环境越来越多

从拥有经营相关知识和经验的经营人才来看，与第二代经营者组队、一同推进经营事业的工作环境十分有吸引力。

首先，如果是为经营层整个家族所认可进入公司，即便还很年轻，也有可能成为参与重大决策的骨干中的一员。事实上，35 岁左右就被提升到代表整个行业的知名企业的经营层候选人，这样的事例也有很多。如果是这样，职位、待遇也与其他一般员工完全不同。进入公司后，因为是和公司中拥有几乎绝对权力的第二代经营者共事，自己策划的方案和企业改革也能迅速实施。

　　另外，活用既有的事业基础，通过一定的战略，也能在短时间内给社会带来较大影响。可以说，这是从零起步创业模式没有的一个优势。如果是自主创业，作为决策者能够自由经营事业虽然很有魅力，但要让自己的事业发展到能给社会带来影响的程度，需要花费时间。从这一点来说，跳槽至自主经营型企业成为管理层员工，不仅不用承担创业风险，还能从上一代经营者那里收到大量资产、人脉资源。这对一般人来说，可谓是千载难逢的好机遇吧。

　　接过总经理接力棒的自主经营型企业，和经营人才非常契合。出于如此高的"和睦性"，自主经营型企业从外面录用经营人才的情况呈增长趋势，这样的职业道路正受到瞩目。我们公司也是经常会收到自主经营型企业发来的关于录用管培生的咨询，并且最近呈飞速增长的趋势。

　　当然了，进入公司以后，如果想要在公司里巩固自己的职位，需要与老板维持良好关系。如果老板同时也是公司大股东，那么他也是经过几十年拼搏才成为领袖，领导公司的。这样的老板，在组织内的权力之大，与一般大型雇佣制企业的总经理并无区别。因此，与自主经营型企业的老板关系不和谐的话，有可能会对你在公司里的事业发展带来致命的影响。

## 注意进入公司后的职位

另外，跳槽至自主经营型企业，还要留意进入公司后的职位。与大型日企相同，也有不习惯晋升选拔这种方式的公司，会把有能力的经营人才与一般员工放在相同的位置上。如此一来，经营人才就无法充分发挥其实力了。进公司的时候，要注意是否以与一般员工不一样的"管理层"或"管培生"的职位进去，这一点非常重要。

综上所述，如能掌握这几项需要留意的地方，能够在自主经营型企业成为经营者"左膀右臂"的职业经历，就是一个非常有吸引力的机会。年纪轻轻就担任经营角色，支持第二任总经理，以自己提出的事业企划，给社会带来影响……对于经营人才来说，简直是一个能使人生取得重大飞跃的职业选择。

# 你的卖点是什么？
## ——销售职位的职业生涯飞跃术

### 销售职位也有能使职业生涯飞跃进步的方法

即使不想从事经营者、创业者那样的职业，在各类职种中也都存在使职业生涯进步飞跃的方法。最具代表性之一的销售职位有哪些方法可以让职业生涯有飞跃性进步呢？

前些天，作为销售强人的中村先生（化名）来我们公司咨询。中村 20 多岁，从事培训企划销售。在东京都某私立大学就读期间热爱运动，曾一度想要成为专业运动员，但觉得自己还是没有靠运动吃饭的才能就放弃了。然而，他出色发挥出之前严格训练中培养起来的自我管理能力，在企业中连续 3 年荣登首席销售员。

**我**：中村先生，您的销售成绩真是惊人。想必在公司里也获得很高评价吧。为什么您要考虑跳槽呢？

**中村**：确实，现在这个工作评价挺高的，我也很喜欢销售工作，甚至觉得这是我的天职。但是我再怎么努力，年收入也涨得不多。老实说，这样下去连干劲都没了。

**我**：没有奖金吗？

**中村**：有是有，但最多也就几十万的样子。如果想挣多点的话，只有创业这条道路了吗……

**我**：不是的，没有这回事。您是喜欢销售工作的吧？也有那种靠销售获得高收入的职业选择哦。

**中村**：啊，是吗？可是我的学历、外语能力，比不上外资证券公司的销售人员吧？

**我**：对，去外资证券公司可能比较难，但还是有办法的哦。只要销售高价商品就行。

## 反正是卖东西，要卖就卖高额的产品

给销售职位支付的报酬，根据毛利是有局限的。

如果所付报酬超出上限，对企业来说就会有亏损。反过来说，毛利越高，销售职位的奖金也越多。

　　这里举一个有名的案例，保诚保险集团的保险销售，会有销售提成报酬，也有销售员的年收入达上亿。而以业绩考量能获得这么高收入是因为保险是非常高额的商品，毛利空间非常大。正如，"比起卖高级车还要赚，"保险行业可以说是个汇聚了顶级销售员的世界。

　　但即便是再厉害的销售员，如果要卖出去的东西是一次性"筷子"，想年薪过亿也是天方夜谭了。也就是说，销售职位想要获得高报酬，"反正是卖东西，要卖就卖高价的"。

　　那么，所谓高价品是什么呢？比高级车、保险更贵的东西……其中之一就是公司。买卖公司的工作，指的就是企业并购中介行业。通过介绍并购企业，竟然能按卖出企业资产的百分比来计算报酬。一般来讲，以雷曼方式 [①] 计算的情况比较多，即根据不同阶段，百分比在 1% ～ 5%。当然，成交之后，销售负责人员也能得到一笔丰厚的奖金。而且，在企业并购行业里，如果你年纪比较轻，比起擅长财务相关知识与技能，有些公司更重视员工的销售能力。

　　因此，中村先生也活用自己出色的销售能力，进入到企业并购行业中去了。

───────────

① 企业并购中介成功后，计算报酬的一般计算方式。根据具体成交金额，提成点 1%、2%、3%、4%、5% 不等。成交金额越高，提成点越低。

应该很容易想象到，与前面一份工作相比，他的年收入都会多一个位数了吧。

另外，利基市场①也有不少高价商品。比如有船舶销售中介这样的工作。事实上，我曾见过做船舶销售中介的人，只要成交一笔订单，好几年的生活都不用愁了。

我觉得，有能力的销售人员，不妨以这样的角度试着考虑自己将来的职业发展，也是挺有意思的。当然，无论什么行业的销售职位，是否能拿出好的工作成绩，与个人的收入和职位都有非常大的联系。不要仅限于瞄准所谓好的行业，进入公司后在工作上有成果才最关键。

---

① 指向那些被市场中的统治者／有绝对优势的企业忽略的某些细分市场或者小众市场，指企业选定一个很小的产品或服务领域，集中力量进入并成为领先者，从当地市场到全国再到全球，同时建立各种壁垒，逐渐形成持久的竞争优势。—编者注

## 成为"买卖的起点"
## ——雷曼事件你也不害怕吗？


### 对公司的销售额有贡献的人，经济不景气也依然强大


"经济不景气时也不受影响的职业有哪些？"

这是雷曼事件发生之后，我们在接受杂志采访时时常被问到的问题。最近的雇佣环境一直处于不稳定的状态，也有不少人开始关注经济不景气时选择什么职业比较好。

现实中存在这样一群人："不景气时也为各种企业所需要，好景气时则能收到条件好的入职邀请。"这种人，就是本项主题，成为"买卖的起点"。

这样的人，不仅能给公司带来很大的销售额，还能提高员工劳动效率。具体点讲，指的是那些掌握了能获得新客户的销售能力、人脉关系，有运用网络吸引客户的技能、品牌

推广的能力等，具备为公司提高销售额的能力之人。

　　举个例子，在一家系统开发公司中，拥有优秀销售能力和人脉关系的人，可以通过拿到大额的订单使公司里没有"运转"起来的系统工程师开始团结起来工作，这样无论是对公司还是对员工都有帮助。但是，即便公司有非常优秀的系统工程师，如果拿不到订单，永远也不能开展工作，这就相当于陷入了"拿着金饭碗要饭吃"的状态。当然了，为保证最终交货的商品和服务质量，还是需要优秀的工程师的。可如果一开始拿不到订单的话，在给别人看到"质量"之前，连"一决胜负的相扑台"都没法站上去就结束了。可以说，作为"买卖的起点"的人是拉到订单的"起步"人物。

　　能够创建如谷歌、亚马逊这样优秀的商业模式，达到顾客无法不去使用的服务水平，那就另当别论了。但在一般企业里，能带来生意的销售人员更受到重视，也是极其自然的事。实际上，因雷曼事件已呈冰冻状态的 IT 行业人才市场上，超强的销售人员亦是各类 IT 企业的"香饽饽"。只要录用一名这样的人才，就能一口气将公司里的富裕资源调动起来。

## 只要成为"买卖的起点"，不论跳槽还是创业也都很强

能成为"买卖的起点"的人，不光只有厉害的销售员。现代社会中，接触客户的方式也有极大的影响，因此以互联网吸引顾客的专业人士也是非常重要的一批人。另外，还有邮购、代理店销售等不同的职业种类，根据不同的销售形态，成为"买卖的起点"也会有所不同。

不支付给这类人较高的报酬或是作为回报的奖金，就有可能被竞争企业抢走生意。因此，有商业头脑的企业通常都会厚待这类人。反过来说，这类人无论市场经济状况好不好，都可以稳定地工作下去。

这类人在人才市场上也很受欢迎，无论是被公司雇用还是创业都非常有优势。就像上面举的系统开发公司的优秀销售人员的例子一样，无论在哪家公司，就算不用当系统工程师，也能将这些人汇集起来创建自己的事业。另外，即便自己公司没有工程师，也是可以建立代理销售这类的公司。还有，如果是那种利用网络笼络客户资源的专业人士，在互联网商务领域创业也是前途光明。

综上所述，成为"买卖的起点"，在人才市场上也好，自己创业也好，都非常有利。特别是从事销售、市场类职业的人，请各位平时就要意识到"买卖的起点"是怎么回事，也许它会成为使你的职业生涯有飞跃提升的契机。

# 提早退休的生活选择
## ——实现财务自由的可能性

分不清是开玩笑还是认真的，有时候会听到有人这样说："如果可以的话，想提早退休。"在最有干劲的年龄退休，给人的印象并不是很好。但事实上，许多人都对此很关心。

"能去国外的话，想在 40 多岁就过上提早退休的生活。""想实现财务自由。"写着这种话的书、杂志，大家应该经常会在书店看到吧？有人会想"真好啊。怎么能做到呢？"也有人会觉得"怎么感觉有点骗人呢"。确实，许多书上写的总给人一种"如果顺利的话当然好，可是失败的风险也很大"的印象。而且，只是写着"轻轻松松，也能获得不错的收入"这种方法的，与提早退休的完整定义稍有偏离概念的书，似乎也非常多。

那么，提早退休到底是不是说梦话呢，也不尽然。实现提早退休的人确实存在。

我想问一下，大家觉得如果要提早退休，需要多少资产呢？

45 岁退休的话，到 85 岁还有 40 年。一般能够实现提早退休的人，都是想过富足生活的人吧。孩子的教育费用也需要的吧，那么一年还是要花 1000 万日元以上的。也有人会说："反正还会理财，不需要那么多钱啊。"但是，经历过雷曼事件后，这样的话还能说得出来吗？如果退休了，今后就没了收入来源，因此有必要做好扎实的准备。这样来考虑的话，除房产以外的金融资金如果达不到 5 亿日元以上，就很难迈出退休这一步。

那么，做到资产超过 5 亿有多困难呢？在日本，这样的人根据数据调查只有不到 5 万人（仅占日本总人口的 0.04%）。也就是说，如果想要提早退休，你的总资产得排进前 0.04% 的人中间，有相应需要的资产数额。这根本就是非常难的事。实现单纯的提前退休愿望非常难，普通的工作方式当然不可能做到。

但是，有几种职业也许可以实现提早退休。

首先，就是创业。关于这一项，我在其他部分有详细说明，在此省略不讲。

那么，除此之外还有什么样的选择呢？

外企咨询师如何？的确，成为公司合伙人（经营层）以后，收入会非常高。但是想要达到 5000 万 ~6000 万日元的年收入水平，必须有相当大的一年间的订单额。一般能稳定达到这么大订单量、有一流经验的合伙人，大多是 40 多岁了。按说年收入有 5000 万日元，去掉税和生活费，想要达到金融资产 5 亿，不是一件简单的事。

所以说，还是选择外企金融公司比较好吧？金融类职业，能在短时间里获得很高收入。最具代表性的，就是外资投行、PE 基金公司、对冲基金等企业。让我们依次看一下。

首先是外资投行公司。我曾经有一段时期，在外资证券公司的投资银行部门，30 岁的员工年薪达到 4000 万 ~5000 万日元的情况也并不少见。雷曼事件发生之后，虽然确实有所减少，但较一般企业来讲水准依然相当高。而且在交易员当中，也有因为有出色的成交额而获得高额收入的人。但是，现在引入了交易相关的限制规则，很难得到像从前那样高的回报。因此，交易员的收入也开始受到限制，逐渐下降。

接着是 PE 基金，它是 Private Equity Fund（私募股权基金）的略称。它们通过收购企业、派遣经营领导层等方式给企业增值而获得回报。在这一行，也有提早退休的人。他们的基本年收入和奖金加在一起的总金额很高，和战略型咨询公司算上奖金的程度差不多。PE 基金行业能够实现提早退休，是因为有高额的职业奖金。所谓职业奖金，是在基金公司售出投资企业，或者结束利用时所获得的利润中，抽出一部分作为分配给负责人的成功报酬。由于收购企业的时价总额非常巨大，因此升值后获得的利润、基金公司收取的报酬也是笔巨款。而具体到负责人个人，拿到手的金额也非常多。如果是合伙人的话，甚至有可能达到几亿、十亿日元。如此一来，能提早退休也不足为怪了吧。而且，在 PE 基金公司，录用的人主要也都来自外资投行、外资战略型咨询公司、财务型咨询公司（FAS）。雷曼事件后，他们也未受影响，从 2013 年左右开始，越来越多的基金公司重新展开了积极的人员录用。

最后是对冲基金。这类基金公司，将从机构投资家、富裕阶层那里收集的资金活用于金融衍生商品等，以各种方式运作资金。因为它也是造成汇率大幅度波动的原因之一，有时会成为社会性话题，因此知道的人应该不少。这一行的从业人员，大多数收入也非常可观。特别是海外的对冲基金业务经理，甚至有人年薪超过 1000 亿日元。我再重复一遍，是年薪（笑）。每年都会公布对冲基金业务经理的收入排行，有兴趣的人请在网上搜搜看。

到此为止，关于"想要提早退休，怎么做才好？"的话题，我已经讲了不少。也许有人会觉得这简直是不同次元的世界。但根据职业不同，也不是完全没有可能。只是，在这里我有句话一定要告诉大家："提早退休，并不意味着会幸福。"

连续 3 个月在旅游胜地的海岸边看书，总会慢慢觉得无聊吧。等过了一年，就会想"我的人生就这么结束，真的好吗？"实际上，在能够"负担"得起提早退休的人中，也有许多人为了使社会更好，贡献着自己的一份力量。他们已经不再需要为了生计的短期收入，而是可以用自己的钱按照自己的想法，投入到对社会有意义的活动中去，从而让人生更充实。

这些人，可以说也让我们明白了，手里只有钱，并不意味着拿到了一张直通幸福的车票。

大家知不知道一位名叫海因里希·施里曼的考古学家？他为了有足够多的发掘遗迹的费用而选择经商，发家致富之后，成功找到了特洛伊遗址。如果你也有这样与商业几乎没有直接关联的愿望，可以先短时间里挣够资金提早退休，然后再专心追寻梦想——这种"施里曼流"的生活方式也挺不错。

抱有愿景与志向，为社会团体作贡献，使人们感到快乐，并能与团队一起分享喜悦。通过这些活动，也能使自己的内里有所成长。而如果没有以上这些，只有钱的话，是不会幸福的。我想这一点在现在的日本，大部分人都知道。在此，我还是想重申一下。

# 第 6 章

# 掌握战略型职业规划的法则

实现职业目标，可以用登山来打比方说明。从无数座山中选择自己想要攀登的那座，综合考量现在自己的技术、体能、装备等条件，规划出到达山顶的路径，然后从决定好的道路开始登山。同样地，职业生涯亦是如此，设定作为目标终点的职业愿景，规划好到达那里的路径，然后实际走向那条职业道路。本章中，将归纳之前各章节得出的结论，把职业规划的技术做一下系统性的介绍。

职业规划的三个步骤

（1）设定作为目标终点的职业愿景（决定攀登哪座山）

（2）思考从现阶段走向职业愿景的路径（考虑登山路径）

（3）为了走在指定路线上，成功换工作（做好准备后出发）

# （1）设定职业愿景
## ——首先确定要爬的山

## 以自我"喜好"描绘职业愿景

以登山作比喻来描绘职业愿景的阶段，就是从无数座山中选择自己想要攀登的那座。辛辛苦苦登上了一座山，中途才发觉"这不是我想爬的那座山"，也已经没用了。职业愿景是职业规划的基础，因此请务必设定好。

职业愿景非常重要，它规定了占据人生大半时间的工作内容。那么，我们该如何决定自己的职业愿景呢？我建议，大家以自己的喜好来确定。做自己喜欢的事会比较开心，也更容易出好成绩。而且，如果能在这条道路上成为一流人物，给社会带来的影响也好、收入也好，回报会变得相当高。因此，"今后这个行业、这个职业比较挣钱""这个工作看上去挺光鲜亮丽的"，像这种只在意得失或者社会上一般印象的，还是把它们晾在一边比较好。

　　不要被流行趋势、品牌所迷惑。排除既有概念，以自己的价值观来确定职业愿景是很重要的。

　　本书中，关于以自己的喜好描绘职业愿景，已经介绍了两个具有代表性的观点：一个是思考喜欢的"领域"；另一个则是思考喜欢的"立足点"。关于第二点，作为代表性的立足点，介绍了"企业经营者""创业公司经营者""专业人士""公司内部专家"这4个切入点。也许我的这个观点挺少见的：我认为，试着思考一下自己喜欢站在什么样的立足点工作，这样的思考方式本身就非常有益。

　　而且，设定的职业愿景哪怕是比较模糊也没有关系。详细的细节，在接近目标的路上会慢慢显现。通过增长有关职业愿景周边领域的见识，会发现更适合的选择。另外，随着时间的推移，新的技术和服务陆续登场，行业状况也无时无刻不在变化。这就像在登山过程中，随着接近山顶，目力所及的景色也在变化；随着时间流逝，天气也在变化。到了山顶附近做什么会觉得开心呢？在什么方位拍照最好？在山脚下的时候是不可能考虑周全这些问题的，等到达山顶再想就可以，而且也比较容易做出恰当的选择。

## 实在不清楚自己喜欢什么？推荐你这么做

即便是这样，我想，还是有不少人会说"我连自己喜欢什么都不是很清楚……"

我的这个方法可能比较花时间：建议平时做记录（写日记）。自己对什么样的事情感到开心、讨厌什么、对什么生气、想要帮助什么样的人等，每天都做好记录。这么做对于了解自我"好恶"非常有效。

与正在找工作的学生聊天时，我发现有许多人以海外旅行、留学的经历为出发点，考虑今后想做的事。这可能是由于有了特殊的经历，感受到的冲击也很深刻地印在了记忆中吧。当然这样也没什么不好，但是，印象深和真正的喜欢是两码事，这一点大家要注意。实际与这些以海外经历为出发点谈论梦想的学生，深入沟通之后会发现，大部分人这么表示："事实上，我从中学开始就很喜欢〇〇。""小时候开始我就对这件事有兴趣。"其实，让这些学生有这种感觉的事情，才是对他们来说重要的主题。

由于日常经历的琐事给每天带来的影响很弱，因此也很难留存在记忆里。

但有时候，正是在这样平淡无奇的过程中，蕴藏着你真正希望的重要之事。自己对什么感到愤怒，想珍惜什么，想帮助什么样的人，为了使自己不会忘了这些问题的答案，只要写日记就可以了。这样过一两年，就能积蓄起大量的想法。通过翻阅日记，应该就会发现自己喜欢或讨厌的东西。

"身边至亲的去世，令我想要当一名医生。""看到亲戚经营的公司倒闭，我想成为咨询师，以后帮助这样的企业。"诸如此类会改变人生、颇具影响的经历，并不是谁都有。即使是没有这种具有启示性的体验，通过写日记的方式，从了解自己开始，慢慢也能看见前进的方向。

这次我想介绍给大家的方法，是根据我自身真实经历总结出来的。初高中时代，我觉得学校功课非常无聊，没有学习的动力，每天都去游戏厅，有段时间真是虚度光阴。眼见自己的成绩急速下滑，一边后悔"今天也是浪费了时间"，一边虚度每一天。所以，那时候的我就想，就算不学习，也要尽可能过得开心一点，于是我就开始每天记录开心或无聊的事。然后从第二天开始，想办法增加让我感到开心的事，减少让我觉得没意思的事。通过这样做，我觉得"浪费时间"的那些事慢慢变少了。

但是，真正有意思的是它带来的附加效果。如果持续这样做的话，就会积累许多关于自我好恶的信息。等一年后回过头来看，就能非常清楚自己觉得开心的是什么事、无聊的是什么事。以那时所得出的分析结果作为基础，我有了"想从事人生咨询师"这样的职业愿景。为了从充满阴霾的日常生活中脱离而想出的"苦肉计",没想到竟然发挥了很大的作用。当然,也有其他可以了解自身好恶的方法。写日记是种比较简单的方式,如果可以,希望大家尝试一下。

# （2）思考达到职业愿景的路径
## ——考虑清楚爬到山顶可能的路线

## 搭建职业阶梯

确定好应该登哪座山之后，如何从现在的位置到达山顶呢？接下来要规划路径。对于无法一步到位的职业愿景，通过搭建职业阶梯，安全、扎实地前往终点，是最大的要点。

比如说，对于"创业"这样的职业愿景，没有企业经营相关知识的人突然去创业的话，风险也着实太高了。但如果在咨询、风投等行业积累足够的企业经营经验，再去想要进行创业的行业积累实际的业务经验，成功的可能性就变得很高。

不要想着一步登天，而是分成两步、三步，搭建"职业阶梯"，安全、扎实地接近目标，一步一个脚印地到达目的地。

## 规划职业阶梯的好方法

但是，必须慎重考虑和规划到达山顶之前的道路。假如想要从山脚直接到山顶，应该很容易想象到，路途中间极有可能会遇到很大困难。因此，通过以下 3 个要点来规划职业阶梯，变得尤为重要。

### ① 俯瞰整个职业生涯，考虑如何选择

第一点，俯瞰直至终点的整个职业生涯，来考虑如何做出选择。以登山作比喻，就是要以俯瞰整座山的姿态考虑到达山顶的路径。

如果想要从事某种职业，有可能会因为毕业院校、工作经验这样的"制约条件"而无法应聘。这时候，就不要执拗于这个职业了，更重要的是回想自己职业生涯的目的。这么一来，就能发现其实要达成目标，还有许多种选择。例如，想要为创业积累经验的话，即便不去战略型咨询公司，也可以选择风投、互联网企业等。没有必要勉强自己从有"冰

壁"的、难攀登的山路走向目标。只要观察整座山，找到适合的迂回路线就行。

另外，如果广泛讨论关于到达目标的道路，应该会发现还有一种非常方便的"枢纽职业"。枢纽职业是职业生涯的中转站，能够转到各种行业、职种。比如说，从"IT 行业的人事"转到"制药行业的经营企划"，通常来说是很困难的。然而，如果活用枢纽职业，这种乍一看觉得不可能的职业转换也有前路可行了。许多商业精英为了实现自己的职业愿景，都在活用枢纽职业。

### ② 规划出一条快速抵达终点的道路

第二点，规划职业时考虑如何快速抵达终点。为了趁天还亮着就能抵达山顶，就要设计出一条不会在路上耽搁的最短路径。原本要达到理想的职业目标，并不是一件易事。然而，这也看着新鲜那也觉得好玩，像这样在路上东看西瞧分了心的人，确实也绝不在少数。

例如，未来想成为经营者，就觉得关于现场的业务都要知道个"大概"。于是，财务、人事、市场等工作全都要经历一遍。这种想要打造"完美职业"的人也挺多的。但是，等到了要去积累关键的、作为经营者的经验时，人生早已到了最后阶段。因此，要尽量集中精力去积累重要度更高的经验才是。

另外，因人事原因而常被调动来调动去、完全听任公司安排的职业，也经常会面临被命令走向与自我目标完全不同的方向去。如果想要实现期望的职业目标，就不要让自己的工作"全听公司""全凭运气"，自主创建职业生涯的观点必不可缺。为此，不仅要活用跳槽机会，在在职的公司中也要通过自荐赢取想要的职位，这一点很重要。

其他的，比如因为是在公司里比较受好评的部门，哪怕与自我设立的目标没关系，也硬是花好几年时间去积累所谓的经验；又或者以在社会上比较有名为理由去选择公司，这种半路上的诱惑也要注意。

在此过程中，你的对手早已领先于你。即使选择了最短路径走向山顶，也会因为意料之外的天气变化、出现障碍物之类的原因，导致迟迟才到达山顶。人生亦是如此，总伴随着譬如一些个人状况、健康方面的变化等无法预料的意外事件。也正因如此，身体状况好的时候更不能开小差，为了早早到达终点，有必要规划出排除无意义之事以后的职业生涯。

### ③ 在自己喜欢的领域考虑选择项

第三点，在自己喜欢的领域考虑选择项。人生不光只是到达终点而已，通往终点的过程亦是人生的一部分。比起在阴暗艰险的山路上郁闷地攀登，还是在能令你兴奋的道路上攀爬才开心啊。而且，做自己喜欢的事能让自己快快进步。这么做的结果，就是能掌握比较优势更高的"明确的自我优势"，从而在人才市场上获得好评，通往山顶的道路也就更容易开拓。在自己喜欢的领域考虑选择项，来设计具有吸引力的职业道路，这一点非常重要。

## （3）走上指定路线，成功换工作
### ——做好万全准备，开始登山


**提高跳槽能力**


规划好职业生涯的登山路径后，就要实际根据定好的路线向上攀登。但是途中有可能出现需要登山技术和装备才能越过的障碍，不得不穿过河川、登上悬崖。这时候，如果有渡过难关的技术、装备的话，就能顺利登上山顶。同理，在职业生涯上也是如此。行走在自己设计的职业发展道路上，遇到"转职"这样比较大的转折点时，"选拔对策""选择应征路径"等"跳槽能力"，就相当于越过障碍的技术和装备。如果不知道这些，好不容易做好的计划就会沦为纸上谈兵了。

对自身实力充满自信的优秀人士中也会有人这么想：

"应该是企业来关注我的实力，给我评价。"但是，在实际换工作时，有几项是必须事先掌握的基础技能。

如果不知道这一点，即便再有实力，或是有很棒的经历，也都有可能一下子落选。光凭实力是无法拓展职业道路的。另一方面，如果能合格通过、走上不错的职位，不仅能积累有价值的工作经验，收入也会突飞猛涨，并且还会得到下一个好的跳槽机会……转职能否成功，将大大改变今后的人生。正因为此，不要只顾着增长实力，事先掌握能顺利换工作的技能也很重要。

## 选拔对策

录用选拔的第一道关卡就是书面材料筛选。现在的实际情况是，即便大家的实力一样，只凭书面材料的书写方法这一项就能分出胜负。这一点非常重要，但许多人都不太清楚，这也可以说是一项被误解得比较多的技能吧。让我们来看一些具有代表性的错误做法。一般的换工作相关的书里，都提倡"在简历上，用具体的数字呈现自己的工作成绩"。但是，这个"常识"在换职业轨道的时候并不适合。如果是从制造业公司的销售员转行做咨询师，即使你写了"我曾经将 A 商品卖出了 X 亿日元"，企业方会认为"来我们公司的话，你也不会再继续推广 A 商品。这种业绩数据有什么价值呢？"

　　作为重视问题解决能力的咨询公司，想了解的是候选人在工作中是如何解决问题的。比如说，不要只是写"我曾经将 A 商品卖出了 X 亿日元"的成绩，而可以这么表达："我通过客户分析，将客户分类确立实施对策，然后建立销售部门的销售战略，最后实现了 X 亿日元的营业额。"像这样，好好考虑一个有意义的写简历的方法，再来制作书面材料，这样做是很重要的。

　　接下来的一关是笔试。在转职录用的选拔中，为了确认候选人是否适合该职位，会要求参加笔试。如果不能通过最开始的笔试，连面试都进不了。在一些知名公司，只到笔试关的竞争率就超过 10 倍的例子并不罕见。而且，里面有许多来自东京大学、京都大学这样考试能力极强的毕业于名牌大学的人。可以说，在如此竞争激烈的笔试环节，什么都不准备就去参加的话，真是太轻率了。如果是参加司法考试、公认会计师考试，不做准备就去"裸考"的人应该没有吧。大家想必会好好研究出题倾向，充分复习以前考过的问题再去应考。同理，换工作也是如此。有必要针对应聘企业的笔试事先做好万全的对策。想要在正式考试的有限时间里回答所有问题，却未能按照设想那样答好而感到焦虑的人，似乎也有很多。但是话说回来，如果没头没脑地乱学，也会得出"离题"的对策。最近，市面上出版了不少面向学生就职的各种对策的书。活用这些工具来做好准备，在实际考场上发挥出十二分的实力，这一点很重要。

最后一关就是面试。即便是要说明一个应征理由，如果没有预先演练就上场，可以说风险还是很高的。对于企业来说，有逻辑地组织语言，讲出一个说服他们的故事，这当然不用说。除此以外，能让别人有所反应、眼前一亮，也是非常重要的。最近，要求案例面试的公司越来越多，其中热门企业首当其冲。没有对策就想"攻破"这样的公司，是非常困难的。

比如说，面试官突然问你"如何提高新干线车厢里咖啡的营业额"这类关于提高销售的方案，或是"如果你是索尼公司的 CEO，你会怎么做？"这类与经营课题相关的提案，你能当场准确给出恰当的答案吗？

案例面试中的问题，对于专业咨询师来说，也并非那么容易就能答上来。哪怕是为了回答好这些题目，也都有必要事先掌握参加案例面试的诀窍。通过热门企业面试得到入职邀请的人，都预先进行过周密的"答辩"演练，掌握了应该抓住的要点。

如上所述，"书面材料对策、笔试对策、面试对策"对于挑战热门企业的人来说，是关系到"胜负"的重要准备工作，但又不像考取大型资格考试那样需要花费大量时间和精力。在这一意义上，可以说这些准备是性价比很高的学习方式。

## 了解换工作的方法

在换工作的过程中，收集各种招聘网站、招聘广告上的招聘信息非常重要——相信许多人都这么想吧。但是，比收集招聘信息还要重要的事情实际上非常的多。

例如"应聘渠道"。试着想一下就会发现，收集招聘信息和选择什么"应聘渠道"完全是两码事。即使你在某个招聘网站上发现了 A 公司发布的具有吸引力的招聘信息，也并不能成为你一定得通过那家网站才能应聘的理由。经由比较有可能被 A 公司录取的渠道进行申请，才是明智之选。我在之前的章节里也介绍过，通过哪种应征途径应聘，录取的合格率大不相同。

"猎头与人才中介公司的区别是什么？""招聘网站和人才中介公司的关系如何？"如果你有这样的疑问，说明您实际上对换工作并不是很了解吧？但是，想到要把关系着自身未来命运的职业应聘，托付给某个网站或人才中介，是不是感觉挺可怕的？

沿着职业生涯的登山路径前行的第一步，即开始转职活动的第一件事，就是要你踏足人才市场。不断收集信息、研究应聘企业、准备书面材料、应征、选拔（书面材料、笔试、面试）、拿到入职邀请、进公司，像这样去实践具体的换工作步骤。这一过程，选择与谁、怎样推进，即"与人才市场的接触方式"，虽然是一项重要的"跳槽能力"，但市场上几乎找不到系统说明相关内容的书籍。因此，在这里我利用有限的篇幅，来介绍与人才市场接触的代表性方法，并分别说明它们的优势和劣势。

## 灵活运用互联网，进入人才市场

第一，通过网络了解人才市场。基本上就是从自己有兴趣的企业网站，或者招聘网站收集信息。随时随地轻松获取信息，正是互联网最大的魅力。

举个例子，注册招聘网站后，就会收到许多招聘企业发来的电子邮件。大部分网站上的最新招聘信息都可以免费获取。但是，通过互联网可以得到的招聘广告，仅限于公开出来也没问题的一般职位。有时候，高级别职位或者特殊招聘等，仅限于在后面会提到的猎头公司、人才中介公司的范围内公开。另外，想要获得这些职位的选拔信息，只靠网络也很难获取。落选的话，会在企业那里留下不合格的记录，下次再应聘就会很困难，之前也有过这样的案例。因此，如果不想让自己的职业道路变窄，就有必要细心留意通过哪种途径应聘。

有一个问题，大家可能会有些不明白。登录到某个招聘网站后，也会收到不少从猎头公司、人才中介公司那里发来的招聘职位的邮件。这是因为，大家登录在网站上的信息，不仅是录用企业可以看到，使用这个网站的猎头公司、人才中介也可以查到。所以才会收到这种内容的邮件："我们有这样一个职位开放招聘，您想换工作吗？"我想应该也有人会提出这样的疑问："如果是人才中介公司，不应该是求职者自己到他们那里登记，请他们帮助自己换工作吗？"但是，人才中介、猎头行业里的公司数量非常之多，竞争十分激烈。其中，自己无法充分收集到有换工作想法的人的公司也不断增加。最近，通过转职网站收集有换工作意愿的人的相关信息的公司越来越多。通过转职网站与人才中介、猎头公司的负责人接触，然后一起开展换工作的行动，其实与后面会说到的经由猎头、人才中介换工作的方式，流程是一样的。

留意到这些问题，再迈出第一步：通过互联网收集信息。这是非常方便的方法，特别是对哪种公司正在招聘哪种人才这样对于掌握招聘动向、基础知识的内容，也可以说是行之有效。

## 活用猎头资源，进入人才市场

第二，通过猎头与人才市场接触。所谓猎头，是指从企业收取费用以征选人才的猎头公司的工作人员。某家公司为了录取到适合特定职位的人才，向猎头公司委托搜寻相关人才，猎头再筛选出候选人介绍给客户公司。因此，面对符合条件的候选人，猎头要让他们对客户公司需要招人的职位产生兴趣，并使他们来应聘。于是，猎头会从人才数据库或通过别人介绍来筛选出候选人，以各种各样的方法取得联系，安排面试。大家从电话、邮件、LinkedIn 等渠道收到猎头的招聘邀请，也是由于这一点。而且前面说过，利用招聘网站的话，也有可能会有猎头主动联系。

猎头公司也有许多种，比较有特色的一点，就是外资猎头公司会收到来自外资公司本部的招聘委托。

所以，有时也会突然收到比如外资企业驻东京公司发出的吸引人的招聘事项。总之，积极地与猎头见面，有助于收集信息。当然，通过猎头换工作，一般情况下都是免费的。但是，猎头大多会向企业收取固定费用，所以在招聘委托范围内，他们必须找到能进公司的人。希望各位事先对这一点有所知晓。要是猎头公司主动联络自己了，有些人可能会想"自己现在也'牛'到能被猎头搭讪了吗？"但事实上，只是招聘企业筛选到你的工作经历而已，不一定与你自己的职业目标相契合，你要冷静地做出判断。

## 活用人才中介公司，进入人才市场

第三，通过人才中介与人才市场接触。人才中介从企业发来的招人项目中，找到适合想换工作的咨询者的职位，并与咨询者一同考虑、选择；从应征、选拔、内定到条件交涉等各个环节，提供全面的换工作的支持服务。在人才中介公司帮助咨询者的工作人员，被称为职业咨询师或职业顾问，他们作为咨询者的代理人与企业方调整磨合，推进招聘事宜。人才中介服务也是从客户公司那里收取成功后的介绍费。因此，在大部分人才中介公司中，咨询者都能免费接受服务。

人才中介公司的一大魅力，在于可以就职业规划问题和咨询师轻松地谈谈，也可以获得特定的职位招聘信息。尤其是管理等高级别职位的项目，企业一般很少公开招聘信息，都是通过人才中介公司或猎头公司招人的。经常从职业咨询师那里询问一些招聘信息是很有帮助的。

另一方面，每个人才中介公司擅长的领域和处理项目也各有不同。咨询者如果去找与自己职业不契合的人才中介公司咨询，可能得不到适合的建议，这一点有必要注意。还经常会出现这样的状况：就同一家公司的应聘进行咨询，某家人才中介公司会说："你这样的工作经历，换工作很难啊。"而其他中介公司却会说："您非常有可能换到好工作。"而且，前面提到的书面材料筛选、笔试、面试等，有没有相关准备的方法，结果也会不一样。因此，通过不同的人才中介公司应聘，结果也会不同，这样的案例并不少见。想要调查各家人才中介公司的特点，看一看人才中介行业的专业网站比较有帮助。

## 不放过任何好机会，定期与人才市场保持接触

综上所述，介绍了接触人才市场的 3 个代表性方法。根据所处的环境，适合每个人的方法也不相同，但只要知道接触人才市场有什么选项也是有益处的。人才市场无时无刻不在发生着变化，因此有必要认真地收集信息。在经济景气的时候，在公司的工作很顺利，很容易只顾眼前的工作，但从职业规划的角度来看，恰恰经济好的时候才是进入人才市场的绝好机会。企业的录取意愿越高，从人气企业那里越容易得到入职邀请，待遇条件也就更好。应届毕业生可能无法选时间，但可以在换工作的时候，自己选择跳槽时间。为了不放过能得到好条件的下一份职业的机会，建议大家一边与人才市场保持接触，一边向着实现长期所指的职业目标不断前行。

# 后记

## 不是"更加努力"，而是"集中努力"

任何人都想拥有理想的人生。但是，如果没有如"资产""才能"所代表的与生俱来的优势，想要开拓理想的人生，该怎么做呢？恐怕最能仰赖的，就是"努力"二字了吧。

《达成目标的方法》《朝型①生活的习惯》《成功者的习惯》《运动员实践的自我管理法》……在书店里，经常可以看到这种书名的书排成一排。另外，名人撰写、传达出"努力实现梦想吧"这样热烈号召的书，也有很多。这些书的内容，都是要你严格自我管理，讲解了许多如何"更加努力"的方法。还有譬如国际会计基准、独特的问题解决手法、指

---

① 早晨工作、学习，不熬夜的生活习惯。或指早上工作效率高的人。

导手法等，讲解全新知识和技能的书也陆续上市。想要掌握这些技能的话，需要更进一步的努力。

我个人也认为努力非常重要。然而，现在日本的许多商务人士，真的不够努力吗？

至少在我接触过的咨询者中间，大部分人为了开拓自己的人生都付出了超乎寻常的努力。拼命工作，牺牲睡觉时间来学习，连休息日也在读书……他们为了成功跳槽，使人生有大转变，每天都在努力着。即便是不考虑换工作的人，想在公司里做好工作，或者因为想转到其他分公司去，甚至是不想被炒鱿鱼，为了提高业绩，也都在拼命努力着。

我甚至感觉，日本商务人士付出的努力已经超出了正常限度。近年来，因过度疲劳患上心理疾病的人过来咨询职业问题的情况大幅增多。匀出睡眠时间工作、学习，导致身心都出现问题。而且，他们中大部分人从中小学时代就开始认真学习，毕业于名牌大学，从小到大一路努力走到今天。

我觉得日本的许多商务人士，已经非常努力了。关键在于，要让这些努力有回报。要将理想的人生掌握在手中，过上幸福日子。

那么，怎么做才能有一个付出努力就能收获回报的人生呢？

肯定不是没头没脑地"增加努力的量"。我认为，应该是知道自己人生中什么是重要的，选择现阶段的自己应该做的事，然后"集中努力"。

## 如果有"人生战略"，就能有效集中努力

本书介绍的职业发展战略，正是教你集中努力、使人生飞跃进步的方法。通过做好职业战略，可以做最少的努力，就能到达目的地。而且，基于这一战略的职业生涯非常正大光明，不仅方便还相当可靠。即使没有"资产"，换言之就是出生于普通家庭的人也可以充分利用。另外，就算没有特殊的"才能"也没问题，这并不需要你付出那种考过司法考试之类常人无法效仿的高难度"努力"。而这些方法也并不是那种类似因为公司人事调动，人生就被锁定了的"全凭运气"的消极举措。

要确定从现状走向所指目标的路径。为了走通这条路花时间努力，除此以外，不要在重要度低的事情上花费过多的时间，放弃和自身目标没有直接关联的学习、资格考试、多余的工作经历。然后，对于自己选择的职业，以成为一流角色为目标，付出比他人更多的努力……可以说，职业发展战略就是为了得到自己期望的人生，清楚知道重要的是什么，

然后再"集中努力"。

正因为此，我才想把至今市面上的书基本都没谈到的"人生战略"——为了获得幸福该在哪里集中努力的方法，传递给大家。

## 只要大家付出"努力"就能有所回报的社会

下面讲点不一样的，大家难道没有过这样的疑惑吗？

"学校里学的三角函数，到了社会上用到过吗？"

"当初那么拼命地记历史年号，到底为了什么呢？"

"说起来，古文、古诗都没在工作中用到过，所以为什么要学呢？"

当然，也有人从事的是这些知识派得上用处的职业。但是，对大部分人来说，这都是些没什么用的知识和技能。然而，几乎所有人从十几岁开始，都付出了相当多的时间和精力学习这些知识。

确实，也有人会想"多点知识、技能，又没有什么损失"。事实上，也许是有越多知识、技能越好呢。但人生是有限的啊。因为觉得"可能有需要"而开始上一些"保险"，那可就没完没了了。"记住圆周率小数点后一万位比较好吧？"早晚要会"厉害"到这个程度。也许听着像是玩笑话，在有没有用这个问题上，三角函数、历史年号、古文这些可能就差不多了。当然，"文化"是必需的。但是，称作"文化"的名目下，充斥着许多重要度很低的内容，而另一方面，大家在社会真正需要的"问题解决能力""领导能力""领导开发"等方面却有所缺漏。我认为，这就是现在的实际状态。

当然了，所谓必备的知识、技能，根据从事什么样的工作，甚至想要过怎样的人生不同，也是不一样的。但是，如今教育的现状，就是学生倾注了大量努力在看不见回报的事情上。无论让孩子们多么拼命地去学习，如果对那孩子的人生来说都是些不重要的东西，也就没有什么意义了。另外，这种状况并不是说在把责任转嫁到教育一线的老师身上。我认为，要从根本上重新审视教育制度。

在人生较早阶段进行"人生规划"，集中精力在对自己来说重要的事情上，这样应该就能接近所指目标了吧。扎实掌握对于自身职业生涯来说必要的技能和基础，这样的孩子到了社会上，也能顺利做出成绩。而且，通过感受到为社会作贡献的喜悦，会更加愿意为社会作贡献。当然，活用成熟的人才市场，也可以中途转换职业轨道。社会如果能变成这样，那么许多人的人生就能"自然"地丰富起来了吧。

我希望未来的社会是这样的：人生规划、职业教育成为教育制度的核心，人们仅对重要的事情集中精力付出努力，然后度过丰富多彩的人生。而我们人才中介行业的职业咨询师作为承担支撑社会重责的工作者，也要继续努力下去。

本书得以顺利出版，离不开许多人的帮助。

通过为各位咨询者提供职业咨询服务，以及为各方客户企业的招聘提供支援业务，我获得了非常多关于职业规划方面的知识与见解，于此才得以执笔此书。在这里真诚地感谢大家。

对于耐心等候本书撰写完成、给予我建议的钻石社的久我茂先生，负责插画工作的悟空的良知高行先生，长期以来在休息日和深夜陪我写作的谷中修吾先生，给了我宝贵建言的杉浦元先生、田村佳子女士，也请允许我向大家由衷地表达谢意。还有在背后默默支持我的妻子、女儿，谢谢你们。此书出版之时，正好我儿子出生了。我想把这本书也送给他。

**渡边秀和**

图书在版编目（CIP）数据

职场自我成长：你不是不够努力，而是不会努力／
（日）渡边秀和著；陈怡萍译.—南昌：江西人民出版
社，2018.4
ISBN 978-7-210-10157-4

Ⅰ.①职… Ⅱ.①渡… ②陈… Ⅲ.①成功心理—通俗读物
Ⅳ.①B848.4-49

中国版本图书馆CIP数据核字(2018)第018499号
BUSINESS ELITE E NO CAREER SENRYAKU
by HIDEKAZU WATANABE
Copyright © 2014 by HIDEKAZU WATANABE
Chinese(in simplified character only) translation copyright ©2017 by Ginkgo(Beijing) Book
Co.,Ltd.
All rights reserved.
Original Japanese language edition published by Diamond，Inc.
Chinese(in simplified character only) translation rights arranged with Diamond，Inc.
through BARDON-CHINESE MEDIA AGENCY.

版权登记号：14-2018-0019

# 职场自我成长

作者：〔日〕渡边秀和 译者：陈怡萍

责任编辑：辛康南 特约编辑：李雪梅 筹划出版：银杏树下

出版统筹：吴兴元 营销推广：ONEBOOK 装帧制造：墨白空间

出版发行：江西人民出版社 印刷：北京京都六环印刷厂

889毫米×1194毫米 1/32 7印张 字数114千字

2018年4月第1版 2018年4月第1次印刷

ISBN 978-7-210-10157-4

定价：36.00元

赣版权登字01-2018-8